这本漂亮的书属于

我的蝴蝶标本书

郑霄阳 著

王东伟 绘

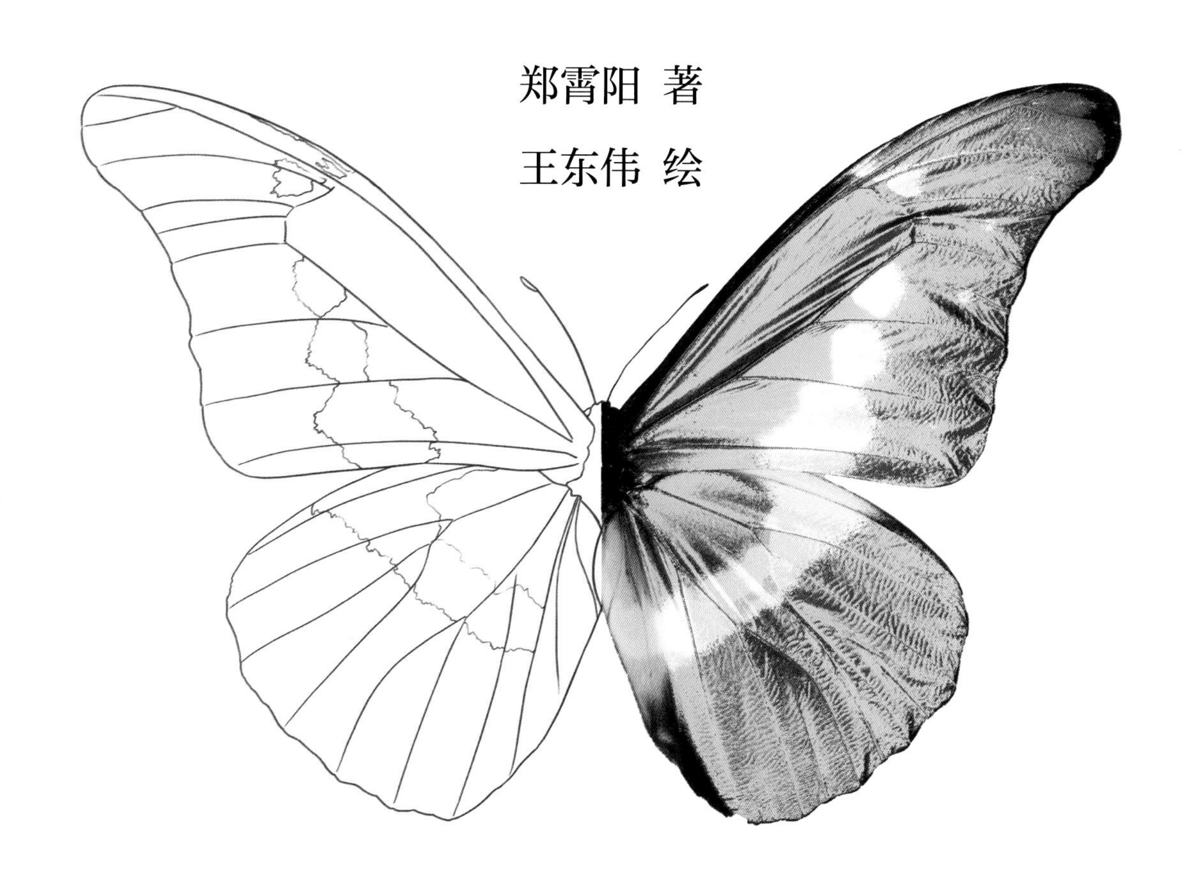

四川科学技术出版社

献给喜爱昆虫的小读者

在大自然里，每一个生命都有自己独特的魅力。从童年开始，我就被一种格外美丽的生命深深吸引，那就是有着轻盈的翅膀、色彩丰富的蝴蝶。蝴蝶的身影几乎无处不在，但似乎又总是行踪不定，无论是在城市的花坛里，还是在乡村的田野上，都会遇到这些灵动的小生命。但是，它们从哪里来？匆匆忙忙地要飞到哪里去？到底有多少种蝴蝶？它们翅膀上的花纹为什么不一样？这些问题常常出现在我的脑海里。

随着时间的推移，我也渐渐对蝴蝶有了更多的认知和了解，学会了如何观察它们、饲养它们，甚至还学会了如何制作蝴蝶标本。

蝴蝶和蛾类同属于昆虫世界里的“鳞翅目”家族，因为在它们翅膀的表面，覆盖着一层非常细微的鳞粉。将它们的翅膀放在显微镜下观察，我们会惊奇地发现，那些鳞粉犹如排列整齐的鱼鳞，构成了蝴蝶和飞蛾翅膀表面缤纷的色彩和丰富的花纹。“鳞翅目”这个昆虫家族，被人类称为昆虫世界中最美丽的一个类群。为了记录和了解更多关于蝴蝶分类的知识，科学家和一些昆虫爱好者会通过制作标本的方式，来记录不同蝴蝶的外观特征和身份信息。在我国，已经有超过两千种蝴蝶被人们记录下来。在全球，已知的蝴蝶种类有一万五千多种。由此可见，蝴蝶是一类多样性极其丰富的生命啊！

多彩的蝴蝶不但吸引了科学家的关注，同样也是古往今来文人墨客眼里寄托情思的“宠儿”。

比如“庄生晓梦迷蝴蝶，望帝春心托杜鹃”“穿花蛱蝶深深见，点水蜻蜓款款飞”以及“儿童急走追黄蝶，飞入菜花无处寻”等广为流传的诗句，都是诗人将蝴蝶作为重要创作元素的例子。

蝴蝶属于“完全变态”的昆虫，它们的一生要经历卵、幼虫、蛹和成虫四个形态完全不同的阶段。尽管很多人会视蝴蝶、飞蛾为“害虫”，但在我看来，所谓的“益”与“害”并非绝对的，只是人类在特定的生产场景下的价值判断而已。在大自然里，所有生物并没有“益”与“害”之分，而且大多数蝴蝶和飞蛾以野生植物为食，未对人类造成危害。相反，不少蝴蝶和飞蛾都是重要的访花昆虫，它们也为植物受粉提供了重要帮助。

此外，数量庞大的蝴蝶与飞蛾是一些食肉动物的重要食物来源，它们是大自然食物链中不可缺少的一环。还有一些蝴蝶是人类检测环境变化的重要生物指标，另有一些蝴蝶在仿生学上起到了重要作用。

希望通过这本书，你不但能够认识种类多样的蝴蝶和飞蛾，学习制作蝴蝶标本的方法，还能够认识到大自然里的每一个生命原来还有许多和我们想象中不一样的地方。希望你可以保持好奇心，去探索更多大自然中的奥秘！

身边常见的蝴蝶

蝴蝶世界里的“大明星”

国内奇特的蝴蝶

别具一格的飞蛾

菜粉蝶

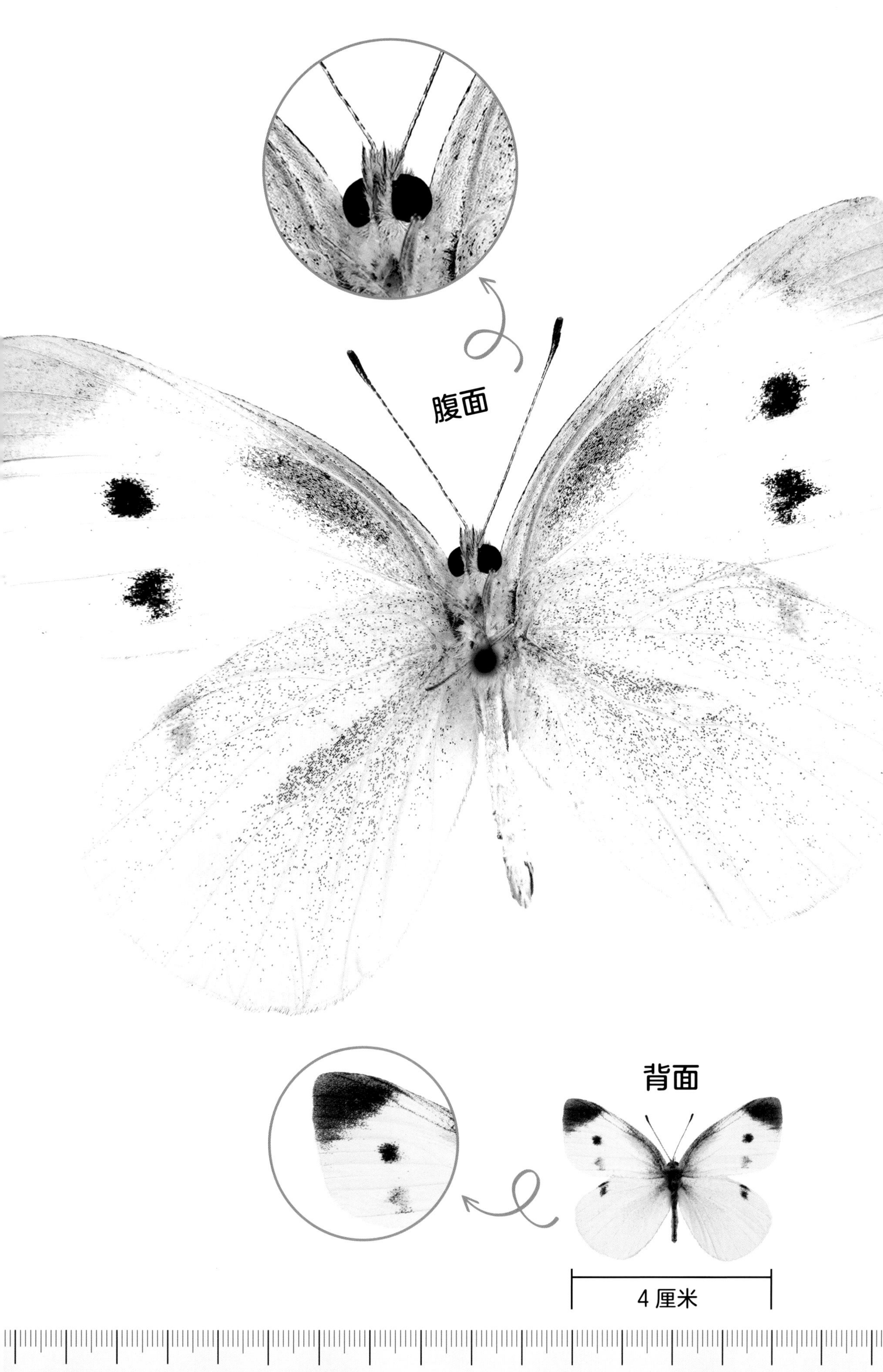

小档案

翼展 约 4 厘米

分布 亚洲、欧洲和非洲，在我国各地也广泛分布

寄主植物 偏爱十字花科植物，如甘蓝、花椰菜、白菜、油菜等

一只刚羽化不久，
正在晾干翅膀的菜粉蝶。

在我老家的后院里，有一块儿小小的菜园。那里种满了花椰菜、油菜、小白菜等我爱吃的蔬菜。当大人们在厨房清洗采摘回来的菜叶子的时候，我经常会听到传来的尖叫声——原来在这些新鲜的菜叶子上，常常会出现一类绿色的、不起眼的菜青虫。这些菜青虫，正是菜粉蝶幼虫。

菜粉蝶，几乎是世界上最常见的蝴蝶了！它们差不多遍布整个中国，而且在北半球大多数国家都能发现它们的身影。你也一定亲眼见到过这些白色的蝴蝶，从乡村田园到城市绿化带，从春天到冬天，从南方到北方，我们几乎都可以看见这种白色蝴蝶在低空飞行的身影。

蛹

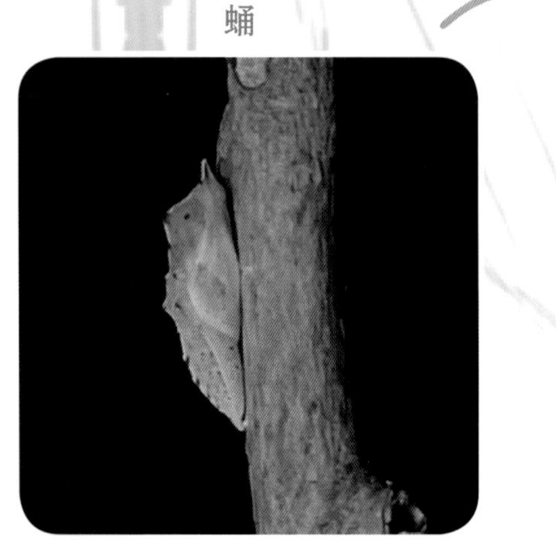

蛹变色

羽化

我们经常会看到两只菜粉蝶，甚至多只菜粉蝶相互追逐、伴随飞行的现象，那通常是雄性菜粉蝶们正在追求自己心仪的伴侣。

这些蝴蝶幼虫所爱吃的寄主植物，有人类种植的甘蓝、萝卜、油菜、花椰菜、芥菜，好在它们的身体既没有毒液也没有毒刺，不会污染蔬菜。

小时候，我经常将菜园里的菜青虫收集起来饲养，观察它们富于变化的生长过程。

这枚东方菜粉蝶的蛹即将羽化，我们可以透过蛹的外皮隐约看见里面翅膀的颜色。

菜粉蝶的翅膀大部分是白色的，顶角是黑色的，中部还有黑色的斑点，这样的黑白配色极为简洁，风格鲜明。菜粉蝶有一个外貌十分相似的“江湖兄弟”，叫做东方菜粉蝶，它们的外形和习性都很相近。简单的区分方式是，东方菜粉蝶后翅外缘有黑斑，而菜粉蝶没有——下次如果你捉到了一只菜粉蝶，就可以仔细辨别它的真实身份了。

柑橘凤蝶

小档案

翼展 约 8 厘米

分布 在我国较为常见，分布于除新疆和其他高海拔地区外的区域

寄主植物 柑橘、花椒等芸香科植物

初龄的柑橘凤蝶幼虫很像鸟粪。

如果在阳台的花盆里栽种柠檬、柑橘或者花椒，柑橘凤蝶的幼虫往往就会“不请自来”。柑橘凤蝶十分钟爱柑橘等芸香科植物的叶片，这也是它们名字“柑橘凤蝶”的由来。

刚刚发育成幼虫的柑橘凤蝶身体很小，它采用的自我保护手段，竟然是模拟鸟粪。毕竟，没有哪只小鸟爱吃自己的便便吧？在柑橘凤蝶幼虫诞生初期，它们通过特殊的外形和颜色，将自己伪装成一块儿惟妙惟肖的鸟粪，来躲避天敌的目光。

一条绿色的成熟的柑橘凤蝶幼虫，头上有两个大大的假眼，以吓唬鸟类等天敌。

当幼虫身体变大以后，它们就会褪去鸟粪拟态的特征，转而换成绿色的、与环境融为一体的装扮。此时的柑橘凤蝶幼虫会利用和叶片相似的颜色来伪装自己的真实身份。但是，它的自保手段可不仅于此，这些可爱的家伙甚至给自己留好了另一个“应急方案”。

当它实在不幸被敌人发现、受到外界惊扰时，柑橘凤蝶幼虫就会抬起自己的脑袋，膨胀自己的身体，展示自己背部的眼状斑纹；还会从脑袋后方伸出一根分叉的、橙黄色的“犄角”——这是柑橘凤蝶幼虫抵御天敌的秘密武器——“臭丫腺”，在遇到刺激的时候柑橘凤蝶幼虫会将这个武器伸出来，并且还会散发特殊的气味；或让自己看起来犹如一条“小蛇”，来虚张声势、吓退敌人。这些都是凤蝶科幼虫保命的绝技。

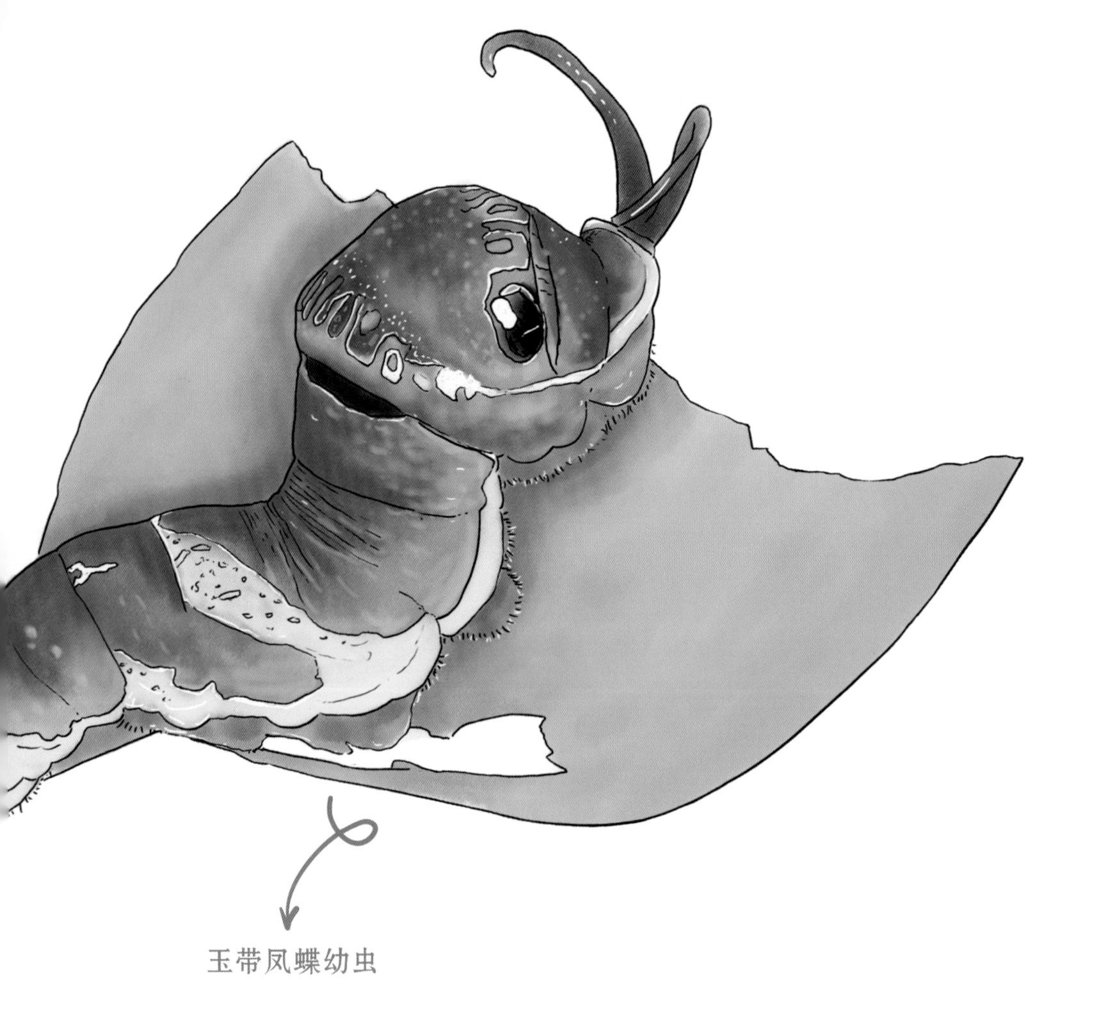
玉带凤蝶幼虫

当成功度过幼虫期，化蛹并最终成为一只柑橘凤蝶以后，它们就可以离开寄主植物，飞到远方去寻找花蜜。

在我国的南方，还有一种经常在柑橘等芸香科植物上生长的凤蝶，叫做“玉带凤蝶”。玉带凤蝶幼虫与柑橘凤蝶幼虫的外形比较相似，但它们的“犄角”是深红色的。

另外，还有一种常见的蝴蝶外形与柑橘凤蝶十分相似，那就是“金凤蝶”。和柑橘凤蝶的习性不同，金凤蝶的幼虫喜爱的食物是伞形科植物，如茴香、芹类和胡萝卜等。

观察下面两幅图，对比一下金凤蝶和柑橘凤蝶有哪些不同之处。

金凤蝶背面

柑橘凤蝶背面

青凤蝶

小档案

翼展 约 7 厘米

分布 我国秦岭一淮河以南

寄主植物 樟树等樟科植物

刚刚羽化的青凤蝶。

樟树是许多城市常见的行道树，而青凤蝶则是樟树忠实的追随者。青凤蝶主要分布于秦岭—淮河以南，分布范围较大。青凤蝶的飞行速度很快，而且常常穿梭于高处的树冠和花簇之间，所以常常给人一种“一道泛着绿光的黑影一闪而过”的感觉，还来不及看清它的容貌，它就消失得无影无踪了。

青凤蝶的斑纹非常有特点。在它们黑色的翅膀上，有一列半透明、带琉璃质感的斑块贯穿前后。

最令我印象深刻的与青凤蝶相遇的经历，发生在高中时期的一间音乐教室里。

那天，我早早来到空旷的教室等待上课，在紧闭的玻璃窗前发现了一只已经风干了的青凤蝶。我打开窗户，想把这枚漂亮的残骸送回属于它的大自然，可就在我松手将它抛出窗外后，我发现这只已经风干了的青凤蝶，竟然凭借着轻盈的翅膀，在空中自动画起了圈，缓缓地“滑翔”着下落。这一幕，让我对蝴蝶翅膀的构造，以及它完美地利用空气轻松滑行的“本领”感到震惊。

即将化蛹的青凤蝶幼虫

青凤蝶是青凤蝶属这个家族里最常见的种类。在我们国家，还有好几种青凤蝶属的成员，比如宽带青凤蝶、木兰青凤蝶、统帅青凤蝶等。它们的样貌各不相同，也常常会聚集在水边汲水，以补充矿物质。

巴黎翠凤蝶

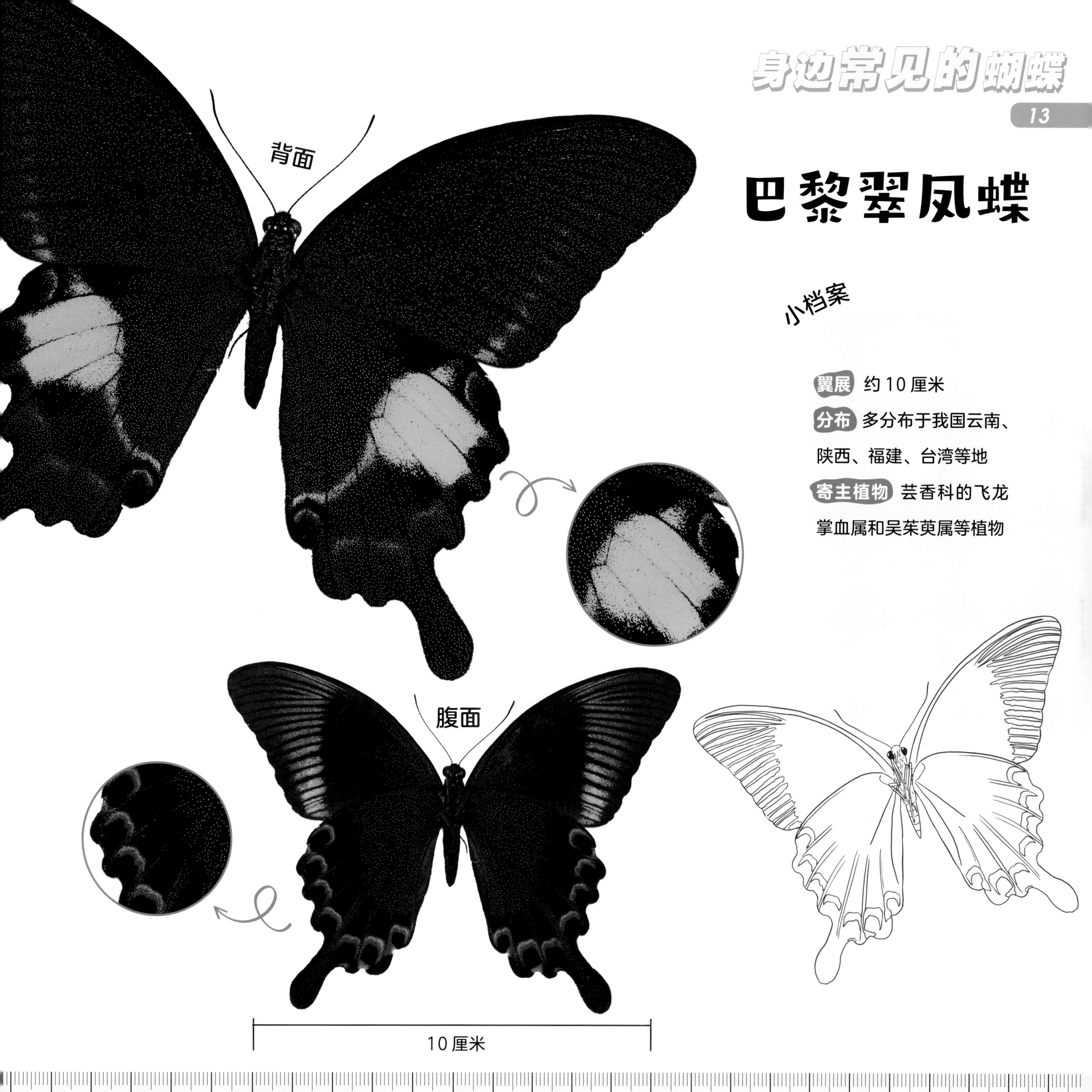

小档案

翼展 约 10 厘米

分布 多分布于我国云南、陕西、福建、台湾等地

寄主植物 芸香科的飞龙掌血属和吴茱萸属等植物

巴黎翠凤蝶在三角梅上采蜜。

我在广西大明山旅行和考察时，第一次看到一大群巴黎翠凤蝶聚集在溪流边的泥滩上“喝水”的壮观场面。当时，这种体形健硕、乌黑的翅膀上遍布细密的金绿色鳞粉、后翅上有一块儿耀眼“翡翠”斑纹的美丽蝴蝶，给我留下了极为深刻的印象。

在我国南方，巴黎翠凤蝶算是一种在林区常见的凤蝶种类，在环境较好的城市森林公园经常可以见到它们活跃的身影。这种蝴蝶的名字很容易被人误解，让人以为这是来自巴黎的蝴蝶。实际上，巴黎翠凤蝶的模式标本恰恰来自中国，它们的分布地区也并不在巴黎。之所以名字里带有“巴黎”二字，是源于它们后翅那对醒目的翠绿斑块——欧洲人称这样的翠绿色为“巴黎翠”，所以这既是它的特征色，也是它名字的由来。

在巴黎翠凤蝶黑色的大翅膀上，密集散生着细小的翠绿色鳞片，从不同的光线、角度观察，整体色泽从墨黑渐变到翠绿，且自带荧光效果。它们栖息于海拔 400~2 000 米的山坡灌丛和阔叶森林，寄主植物包含芸香科的柑橘属、飞龙掌血属、吴茱萸属等植物。雄性巴黎翠凤蝶经常会在山间溪流边的泥滩上汲水，和其他蝴蝶一起，形成壮观的蝴蝶大群。蝴蝶为什么喜欢聚集在泥滩上汲水？科学家通过研究发现，这一做法能帮它们补充身体所需的矿物质。

黄钩蛱蝶

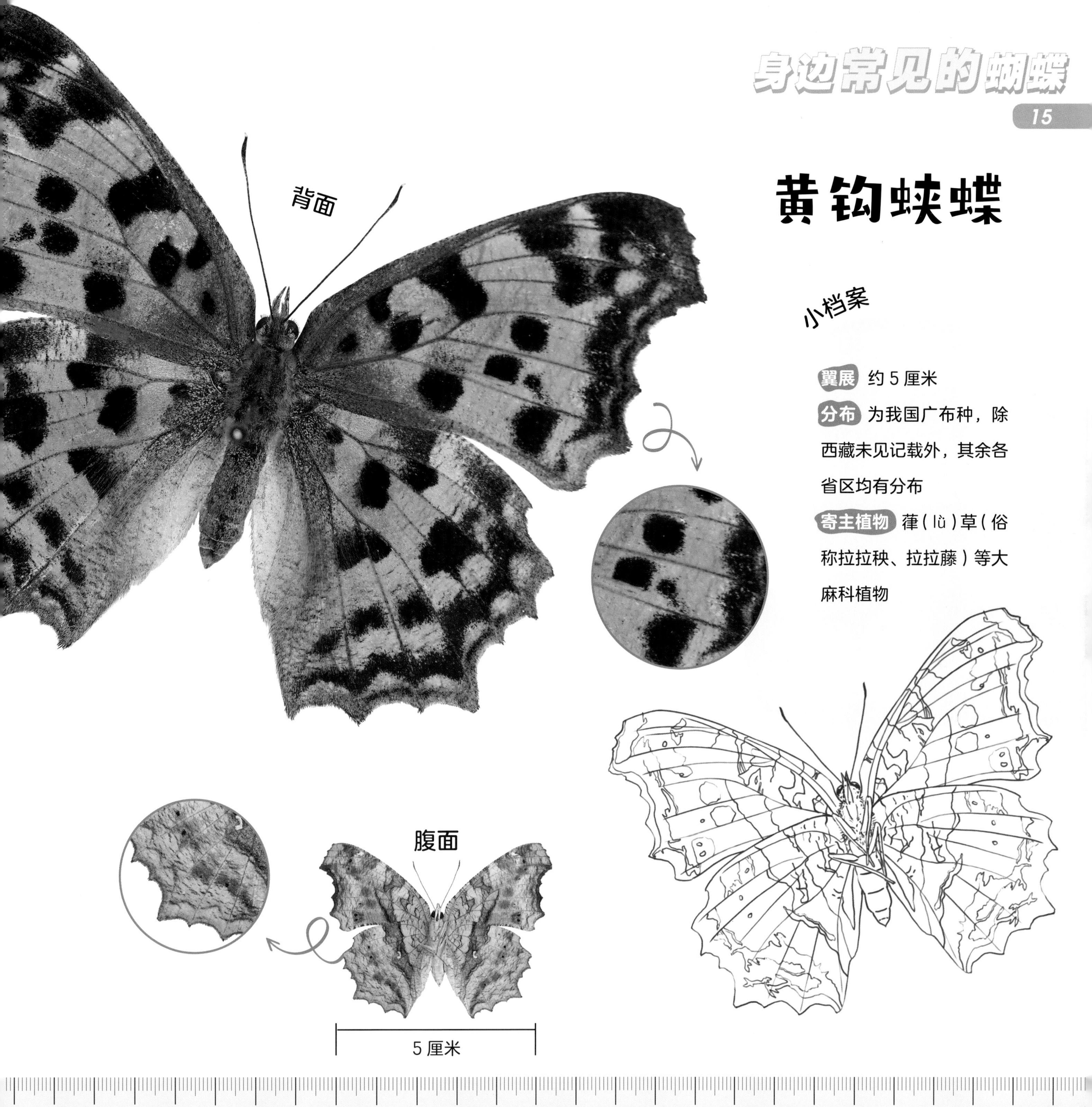

小档案

翼展 约 5 厘米

分布 为我国广布种，除西藏未见记载外，其余各省区均有分布

寄主植物 葎（lǜ）草（俗称拉拉秧、拉拉藤）等大麻科植物

琉璃蛱蝶

在我国，黄钩蛱蝶是一
分布的蝴蝶种类。它的翅膀
黄色，上面布满了黑色的斑
方在于，黄钩蛱蝶的翅膀有
齿状边缘，乍看上去像是被
际上，黄钩蛱蝶的翅膀轮廓
如果你仔细观察这种蝴蝶，
的背面颜色和枯叶非常相近
的边缘，使得它更像一片凋
与它的外形有异曲同工之妙
蝶——琉璃蛱蝶。

黄钩蛱蝶不仅是一种分
蝶，而且它在一年中的活跃
分蝴蝶更长久。即便是在冬
光和煦的日子，还是有机会
出来活动、觅食的身影，这
能够以成虫的形态越冬。

正在吸食橘子汁。

提到黄钩蛱蝶的生活习性，就不得不提一种大家可能都见过的植物——葎草。葎草俗称“拉拉藤”，因为它的茎叶上长满毛刺，只要触碰到就很容易划伤皮肤。葎草生命力很强，很容易就长成一大片，影响农作物的正常生长，所以在农村这种植物并不受待见。但是，被许多人嫌弃的葎草，却是黄钩蛱蝶幼虫情有独钟的食物。

翠蓝眼蛱蝶

与黄钩蛱蝶常在同一个环境里生活的，还有翠蓝眼蛱蝶这种花纹古典精致的小蝴蝶。许多蛱蝶科的蝴蝶都是这样，翅膀正面有丰富多彩的花纹，而翅膀背面却是低调朴素的枯叶色（其中最著名的莫过于枯叶蛱蝶）。既能光彩照人，也能低调求生——一只蝴蝶身上也能表现出截然不同的两面。

蓝点紫斑蝶

小档案

翼展 约 8 厘米

分布 我国浙江、广东、广西、海南、云南等地

寄主植物 羊角拗等夹竹桃科植物

斑蝶家族可以说是大自然里的“绝命毒师”。斑蝶幼虫不但不惧怕有毒植物，反而喜食羊角拗、马利筋等有毒植物。神奇的是，它们不仅不会被毒死，反而会将植物里的毒素转化为自己抵御天敌的武器。因此，大部分斑蝶幼虫以及蛹、成虫都有毒或者具有难闻的气味，加之又有鲜艳明丽的色彩，这一切都在告诉周围的敌人：可别打我的主意，我可是很厉害的！

在斑蝶家族中，蓝点紫斑蝶算是在南方比较常见且令人过目难忘的蝴蝶种类，它有着非常梦幻、闪烁着深蓝紫色光泽的翅膀，在森林里翩翩起舞时，翅膀会反射出蓝紫色的炫彩流光，非常耀眼夺目。

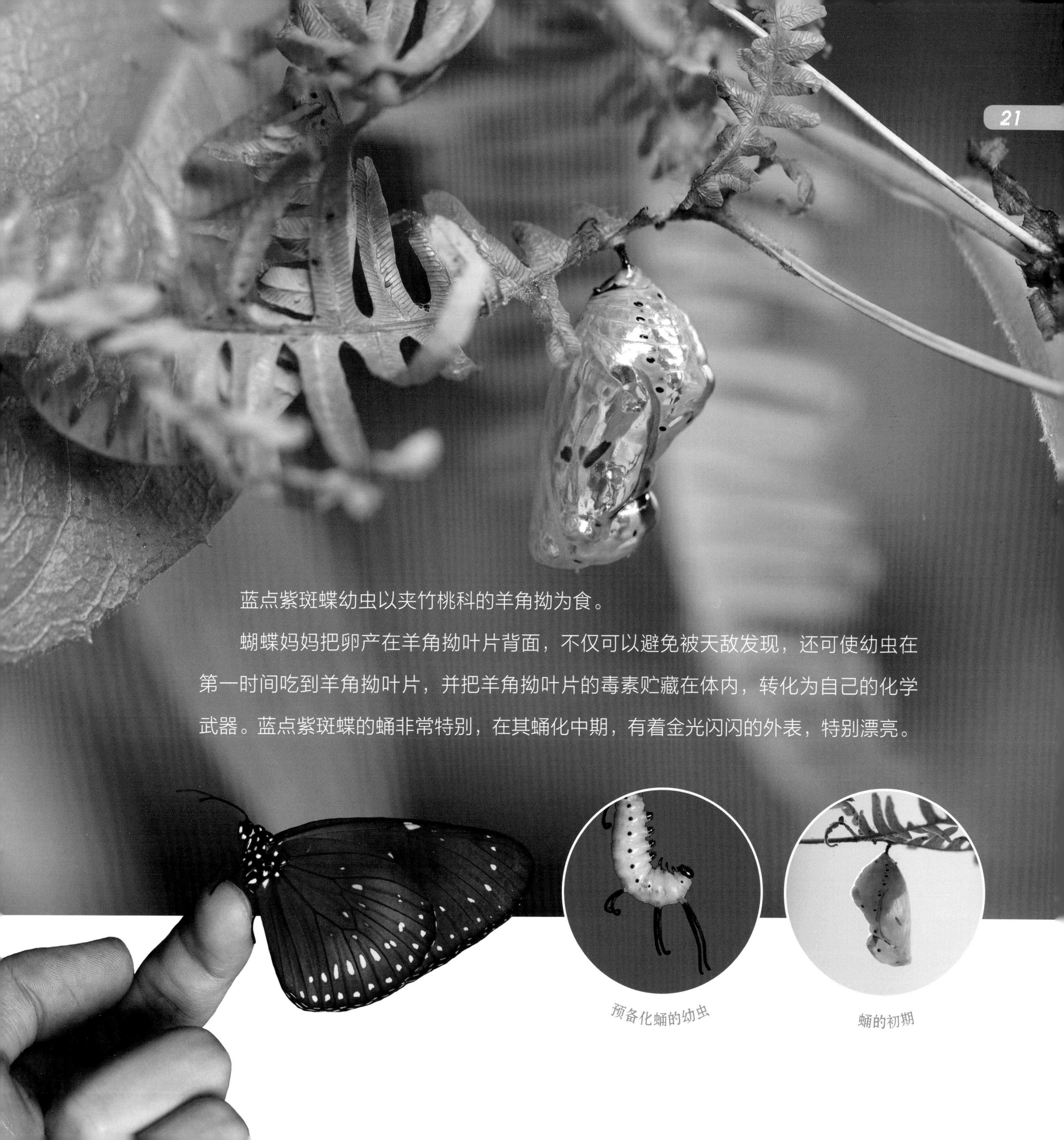

蓝点紫斑蝶幼虫以夹竹桃科的羊角拗为食。

蝴蝶妈妈把卵产在羊角拗叶片背面，不仅可以避免被天敌发现，还可使幼虫在第一时间吃到羊角拗叶片，并把羊角拗叶片的毒素贮藏在体内，转化为自己的化学武器。蓝点紫斑蝶的蛹非常特别，在其蛹化中期，有着金光闪闪的外表，特别漂亮。

预备化蛹的幼虫

蛹的初期

除了蓝点紫斑蝶，在城市公园里的同一片区域，我们还会经常遇到像青斑蝶、啬青斑蝶、拟旖斑蝶、金斑蝶、虎斑蝶等斑蝶家族的成员。我们发现，这些蝴蝶的飞行速度普遍不是特别快，都有一种“从容不迫的气质”，这也许和它们天生就是“绝命毒师”有关吧！但我们大可不必担心，只要不把斑蝶吃到肚子里去，靠近和接触它们是不会“中毒”的，所以，尽情地去欣赏它们的魅力吧！

雌蝶背面

斐豹蛱蝶

翼展 约 7 厘米

分布 在我国广泛分布

寄主植物 堇菜科堇菜属植物

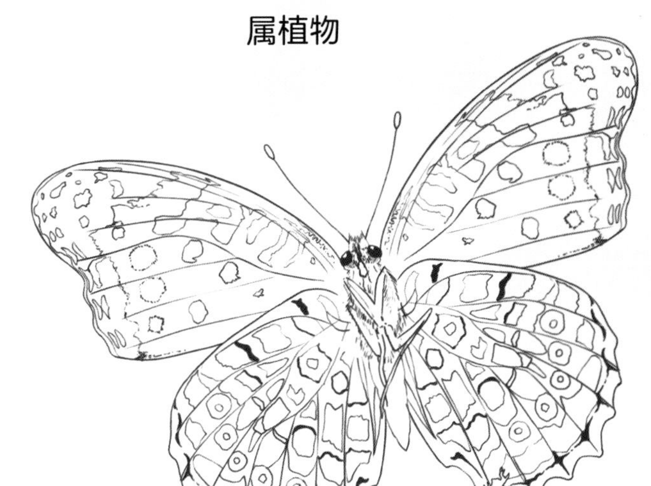

雌蝶腹面

7 厘米

雄蝶背面

雄蝶腹面

雌性斐豹蛱蝶正在
吸食枇杷花的花蜜。

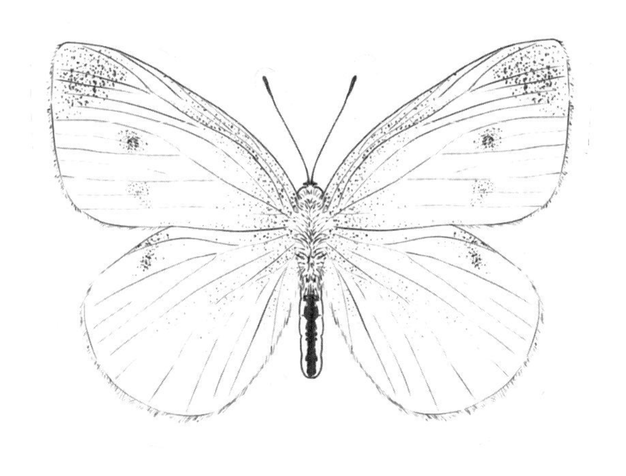

菜粉蝶

斐豹蛱蝶

柑橘凤蝶

青凤蝶

斐豹蛱蝶

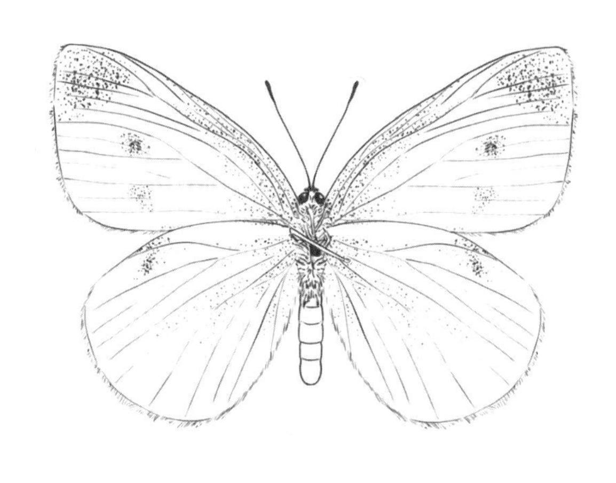

菜粉蝶

青凤蝶

柑橘凤蝶

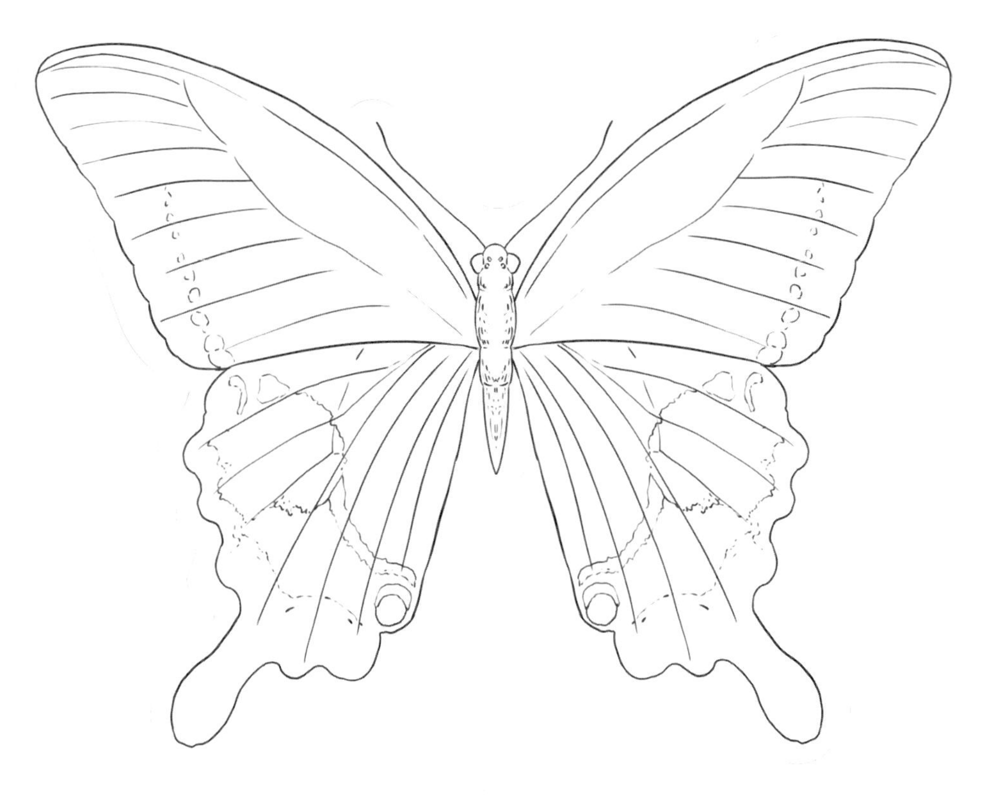

巴黎翠凤蝶

黄钩蛱蝶

蓝点紫斑蝶

曲纹紫灰蝶

黄钩蛱蝶

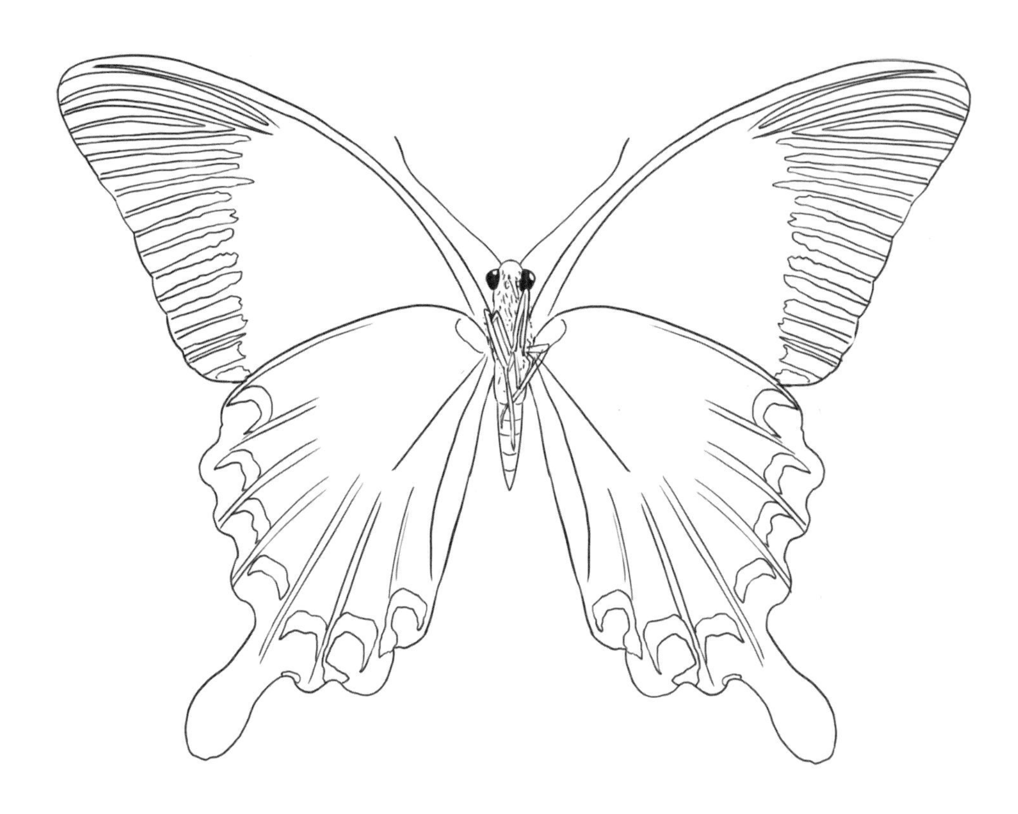

巴黎翠凤蝶

曲纹紫灰蝶

蓝点紫斑蝶

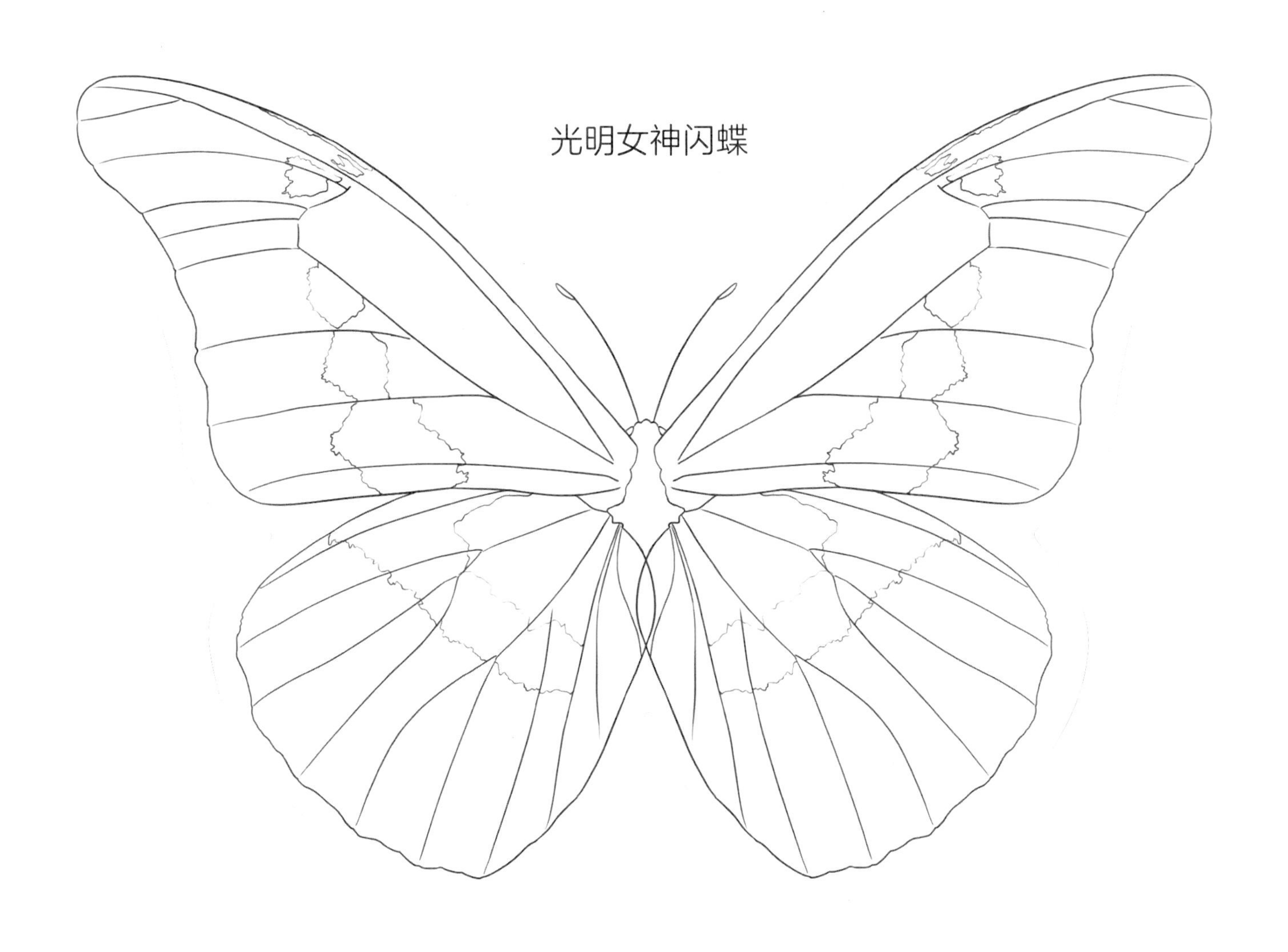

黑脉金斑蝶

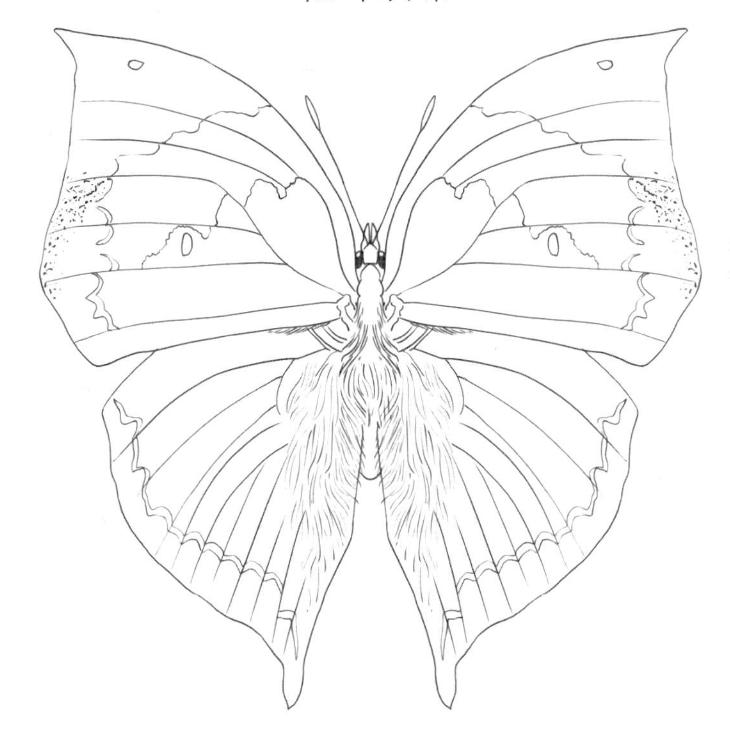

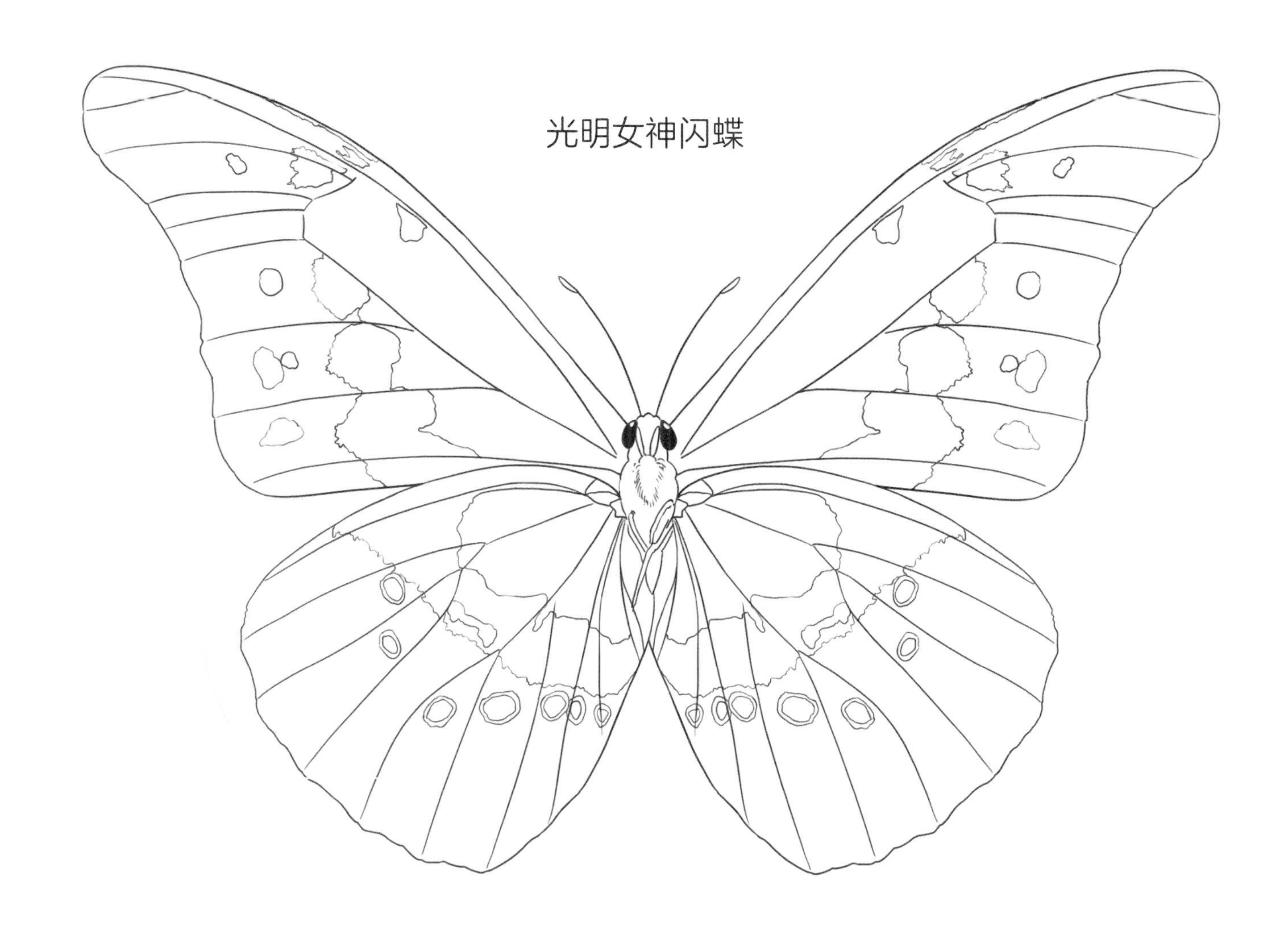

枯叶蛱蝶

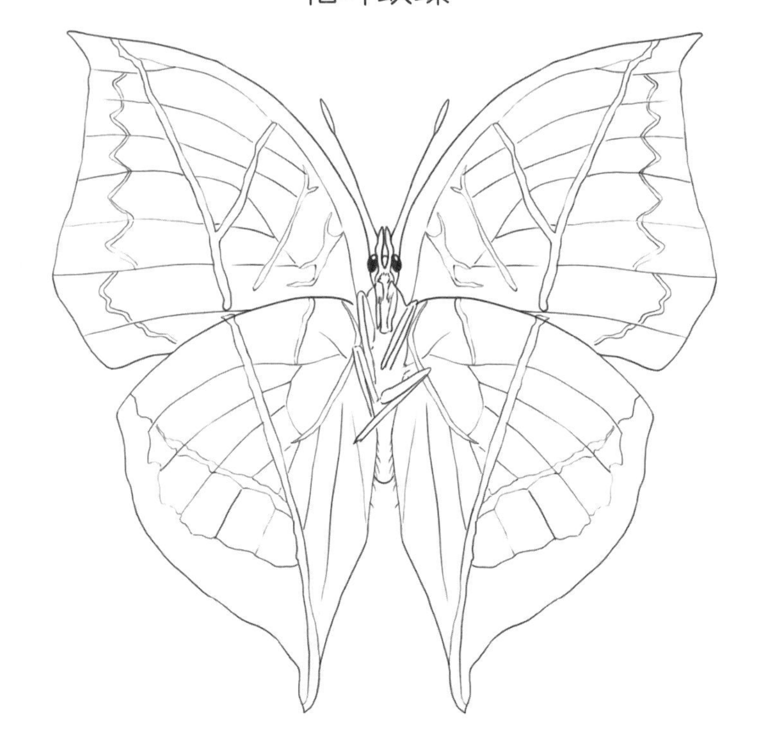

黑脉金斑蝶

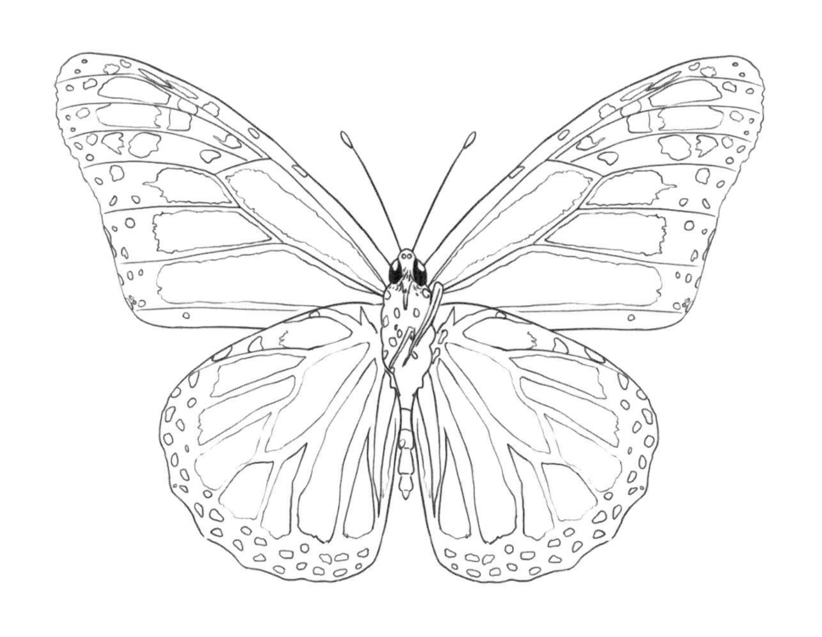

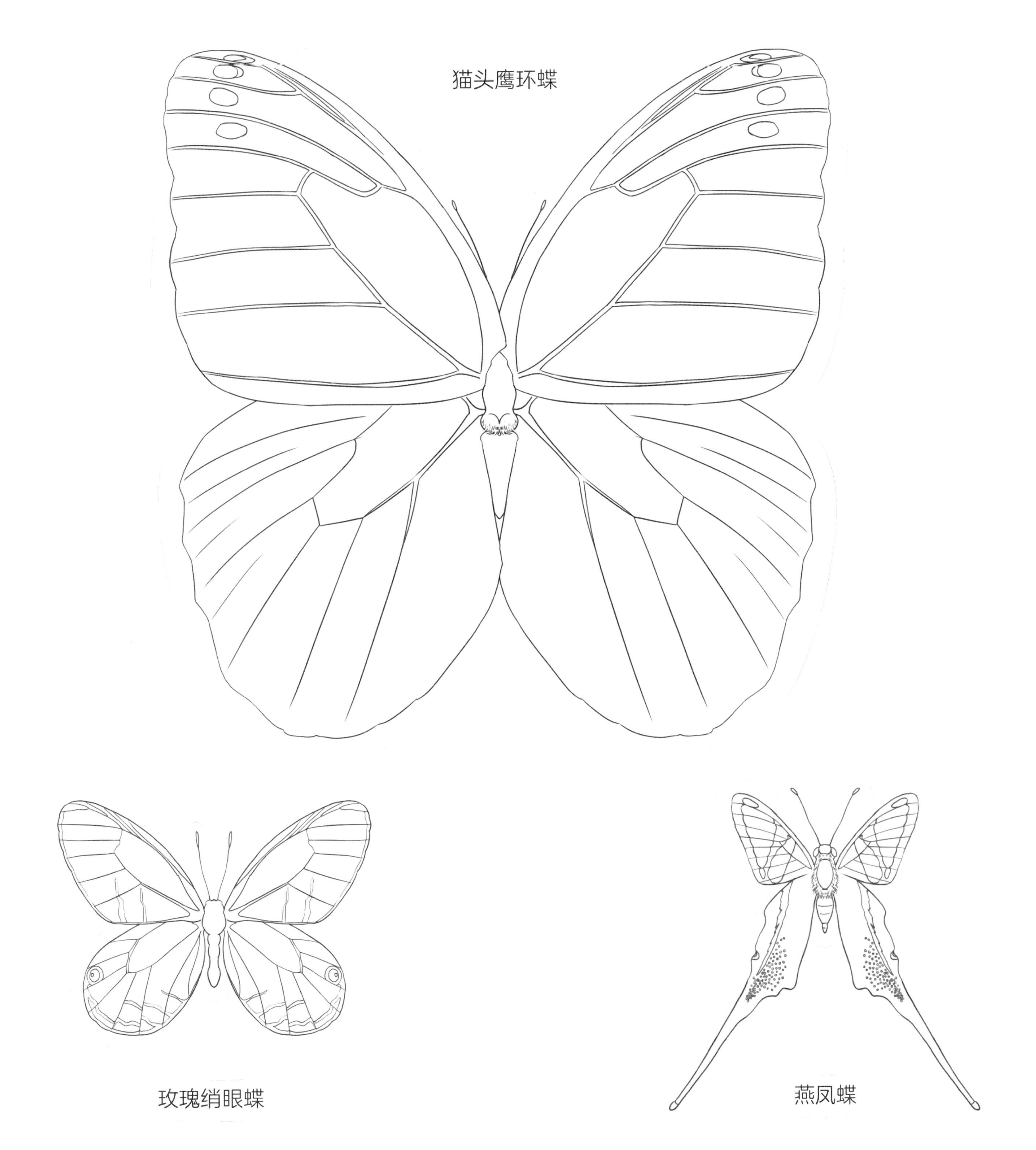
猫头鹰环蝶
玫瑰绡眼蝶
燕凤蝶

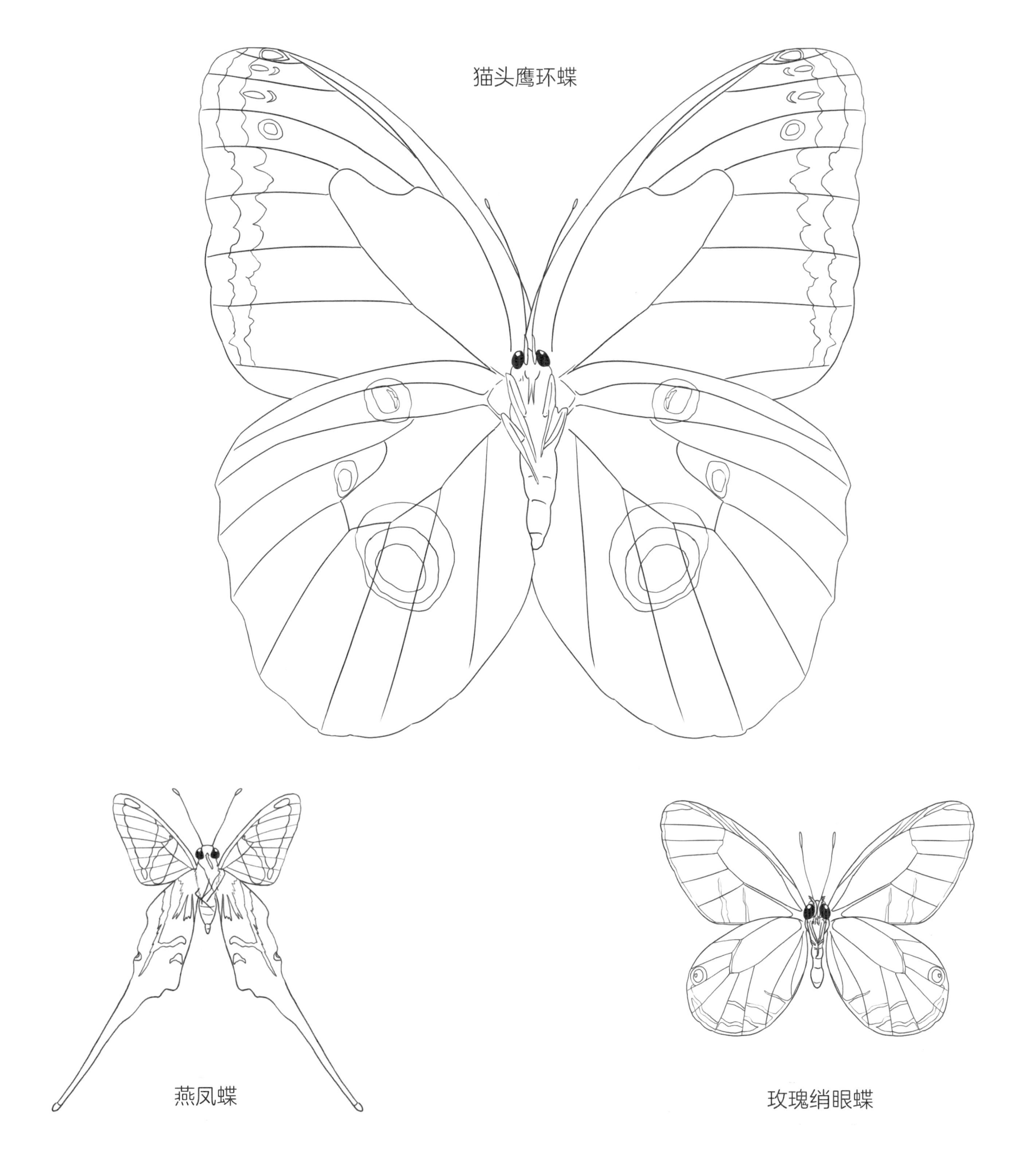
猫头鹰环蝶
燕凤蝶
玫瑰绡眼蝶

天堂凤蝶

苎麻珍蝶

报喜斑粉蝶

白带螯蛱蝶

苎麻珍蝶

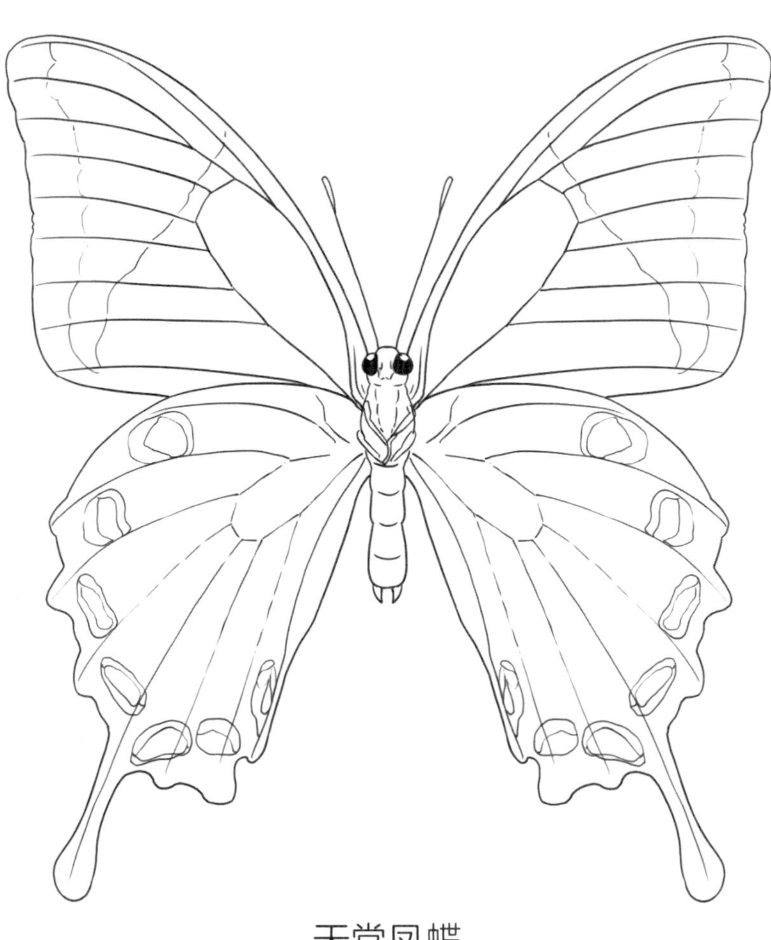

天堂凤蝶

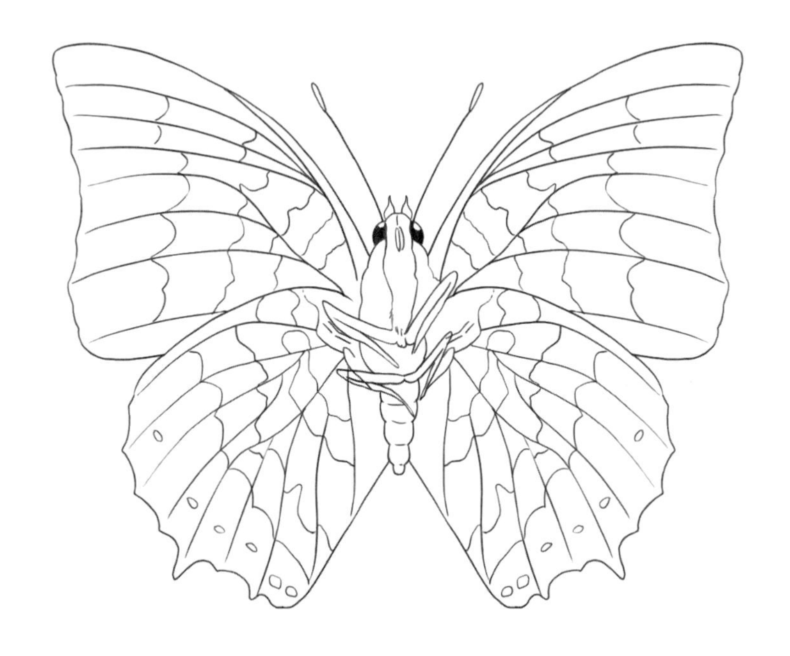

白带螯蛱蝶

报喜斑粉蝶

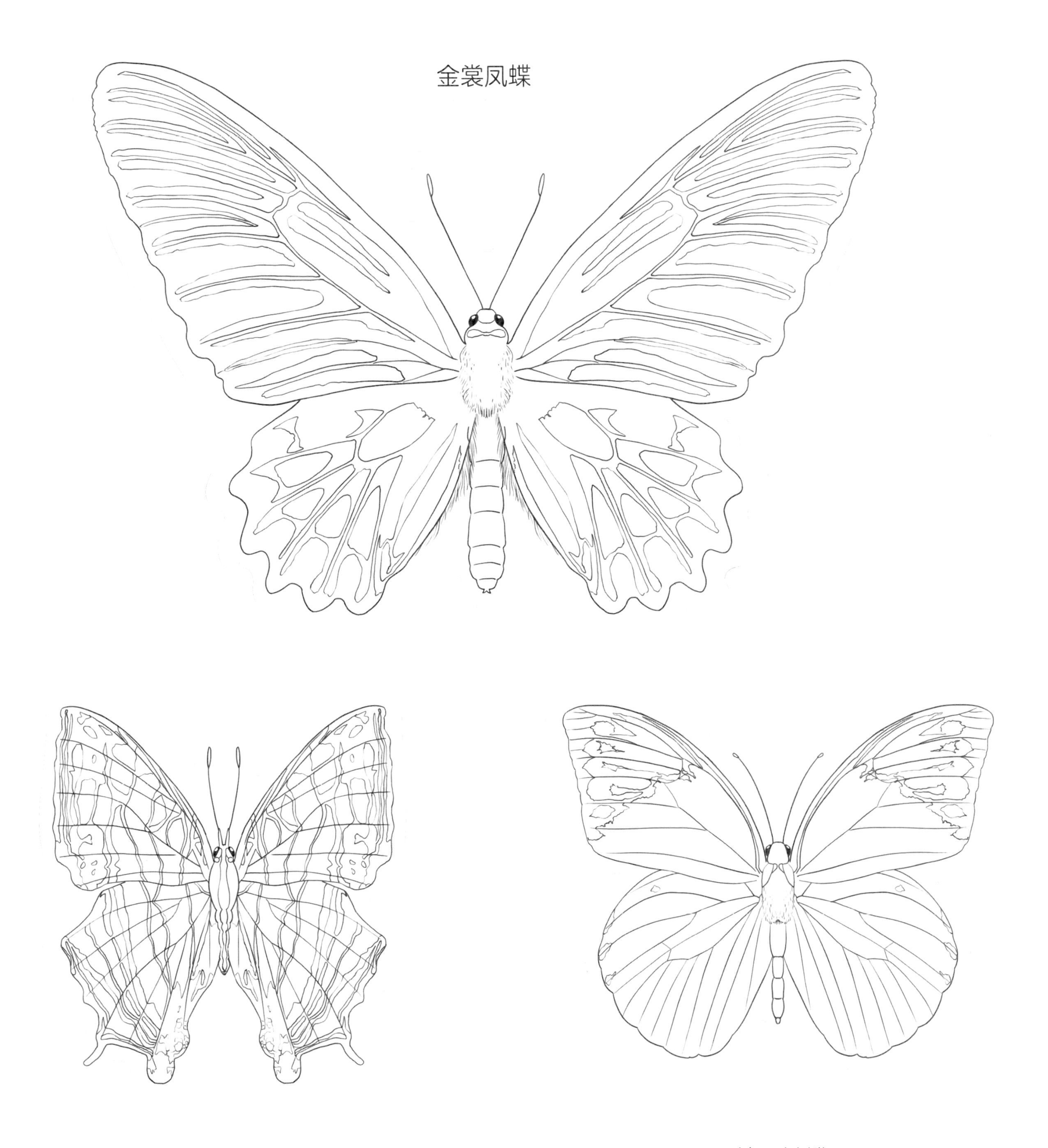
金裳凤蝶
网丝蛱蝶
鹤顶粉蝶

鹤顶粉蝶

网丝蛱蝶

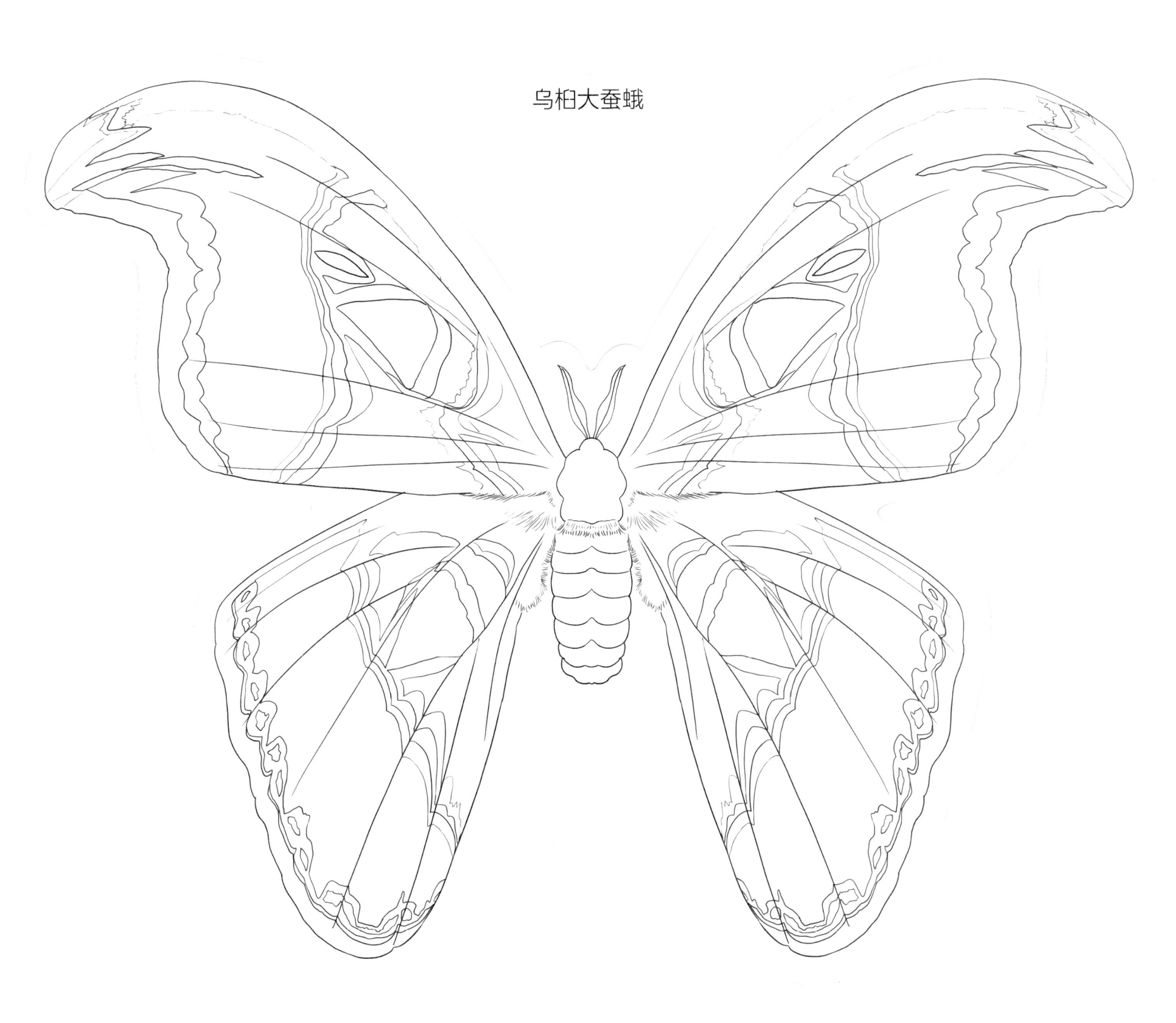
乌桕大蚕蛾

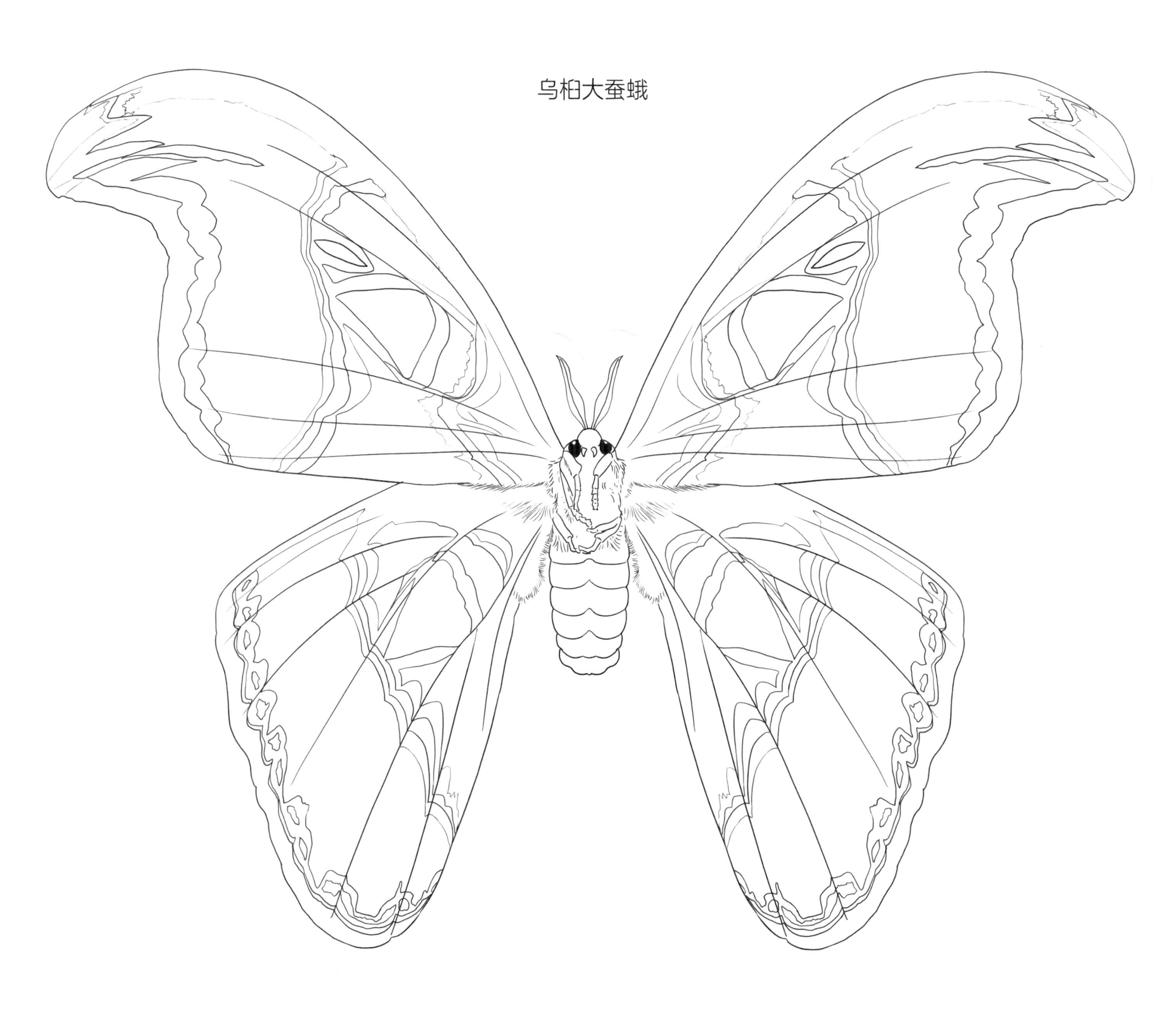

乌桕大蚕蛾

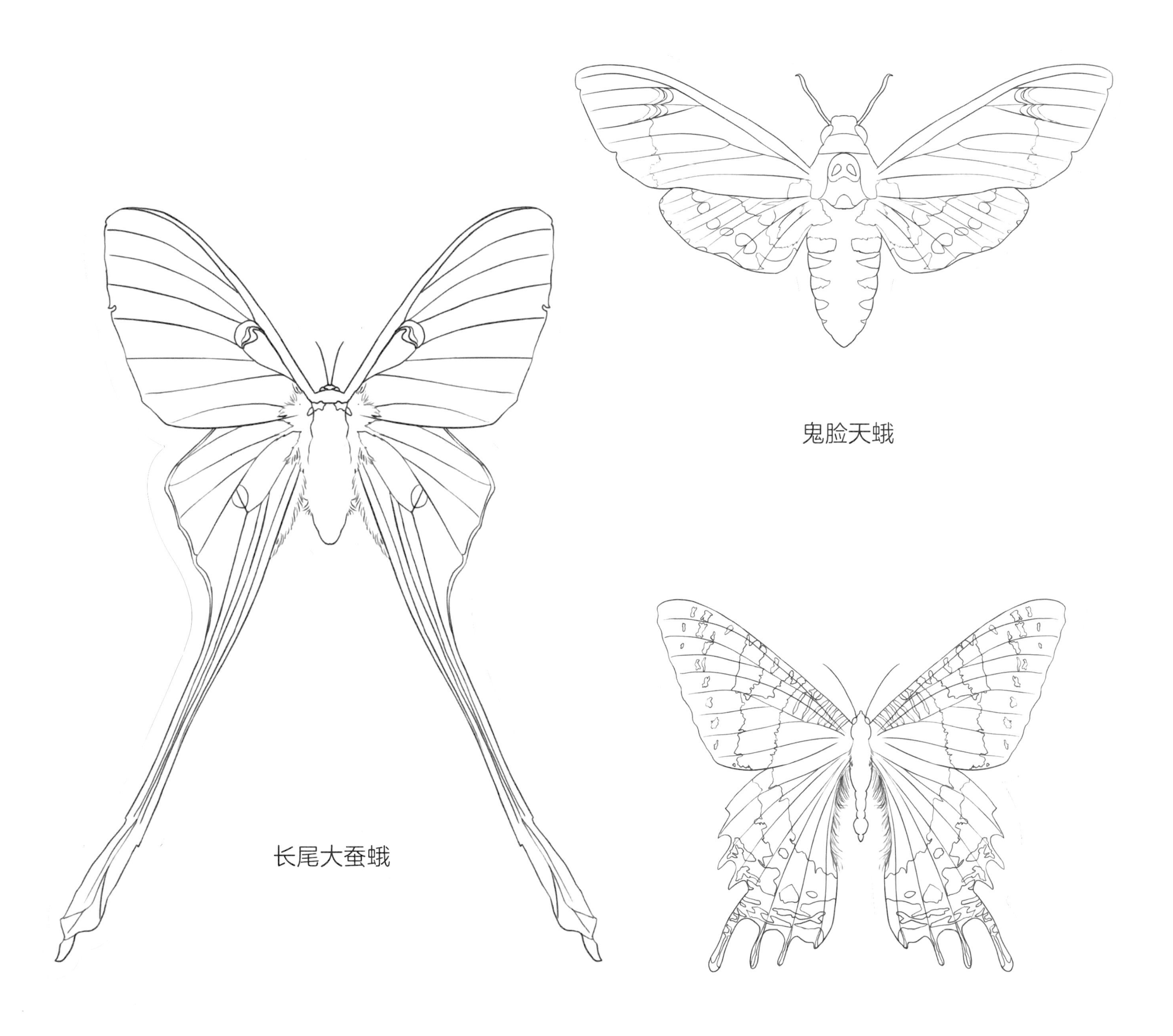
鬼脸天蛾
长尾大蚕蛾
马达加斯加金燕蛾

马达加斯加金燕蛾

斐豹蛱蝶在我国各地均有分布，是很常见的蝴蝶种类，而且它们还是“雌雄二型”特征的代表。

“雌雄二型”，指的是同一种蝴蝶的雌性和雄性，除了生殖器官，在大小、颜色、结构等方面也有明显的差异。在蝴蝶世界里，“雌雄二型”的现象比较常见，比如美凤蝶、玉带凤蝶、青豹蛱蝶等都属此类。

斐豹蛱蝶在我国各地均有分布，它们飞行姿态优雅，喜欢访花吸蜜。在雌蝶前翅背面、翅端的位置，有醒目的紫黑色条纹及白斑，而雄蝶的翅面是统一的豹纹样式，没有翅膀前端的斜带。我们经常可以看到，在花丛当中雄性斐豹蛱蝶追随雌性、求偶的行为，同时还会看到雄性斐豹蛱蝶之间相互逗逐、竞争地盘的场景。斐豹蛱蝶幼虫是一种红黑相间的尖刺毛毛虫，它身上的刺是无毒的，其寄主为堇菜科堇菜属植物。

蝴蝶在花丛中觅食、追逐的场景虽然看起来浪漫，但其中也有许多我们注意不到的危险。比如在花丛中，其实还潜伏着螳螂、蜘蛛、青蛙、壁虎等天敌，蝴蝶要躲避它们，绝非易事。

曲纹紫灰蝶

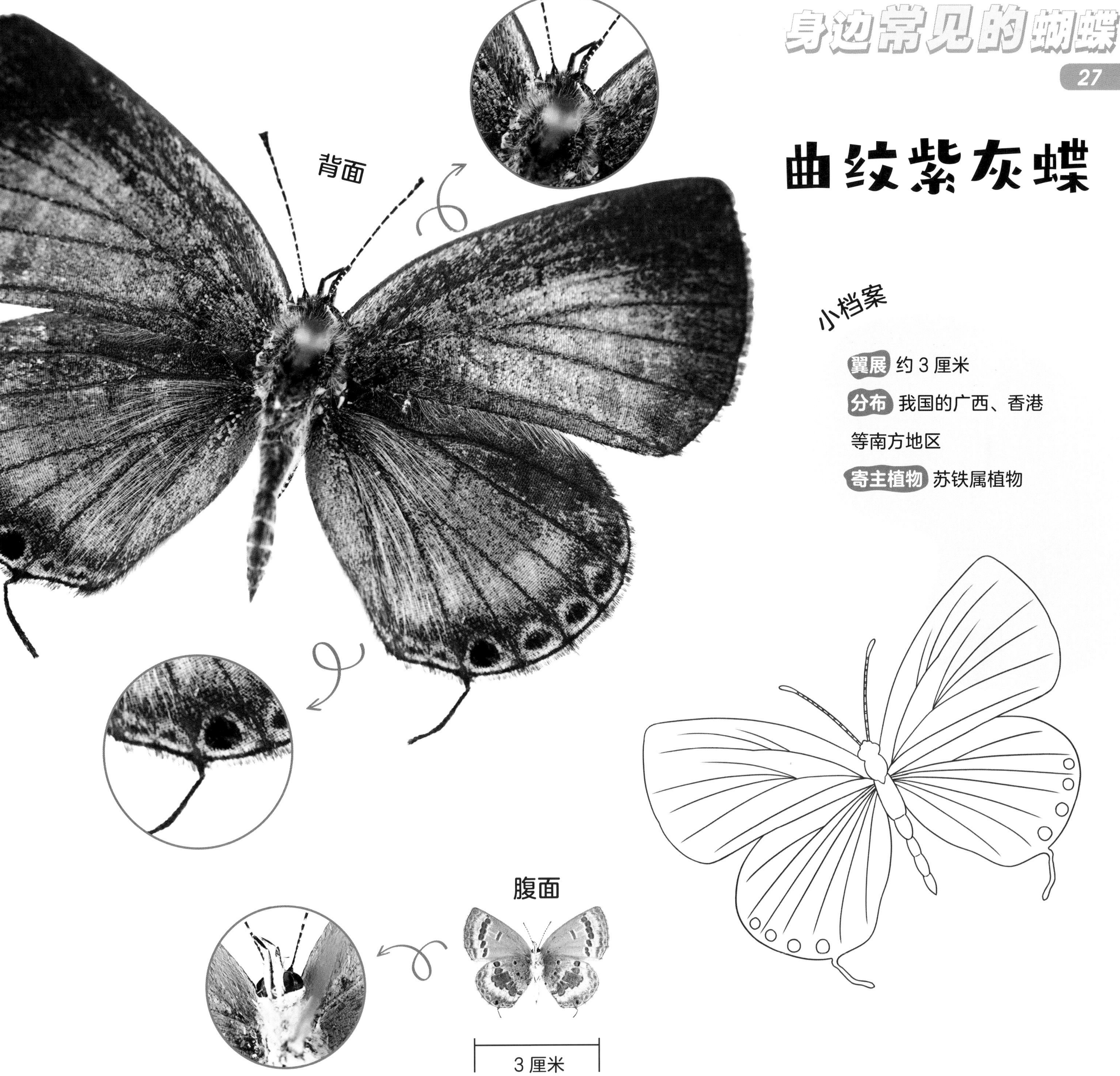

小档案

翼展 约 3 厘米

分布 我国的广西、香港等南方地区

寄主植物 苏铁属植物

稍加留心，你就可以在马路边的花坛里看到一些飞舞的小小的灰蓝色身影，它们就是来自灰蝶这个小型蝴蝶家族的一员——曲纹紫灰蝶，这是一种十分常见的灰蝶。

灰蝶家族都是小型蝴蝶，比成人的指甲盖大不了多少。尽管体形小，但它们也各有特色。

比如雅灰蝶，雄性雅灰蝶的翅膀背面有非常耀眼的紫蓝色光泽，而腹面颜色朴素。大部分灰蝶的背腹两面都是截然不同的。

雄性雅灰蝶腹面

雄性雅灰蝶背面

通过仔细观察后会发现，在曲纹紫灰蝶的第二对翅膀后边，有形似“眼斑”的花纹和两根细细的尾突。随着曲纹紫灰蝶翅膀上下摆动，其身后的尾突像一对灵动的“触角”，与“眼斑”一起伪装成了“假头”。据推测，这个“假头”可以让其尾部优先吸引天敌的目光，致使敌人（比如跳蛛或鸟类）误判，在第一时间错误地攻击曲纹紫灰蝶翅膀后端，从而保全性命。

曲纹紫灰蝶幼虫喜欢吃苏铁的嫩芽，而且它们还会通过分泌蜜露，吸引蚂蚁和自己达成“伙伴”关系，保护自己的生长。

曲纹紫灰蝶的“假头”

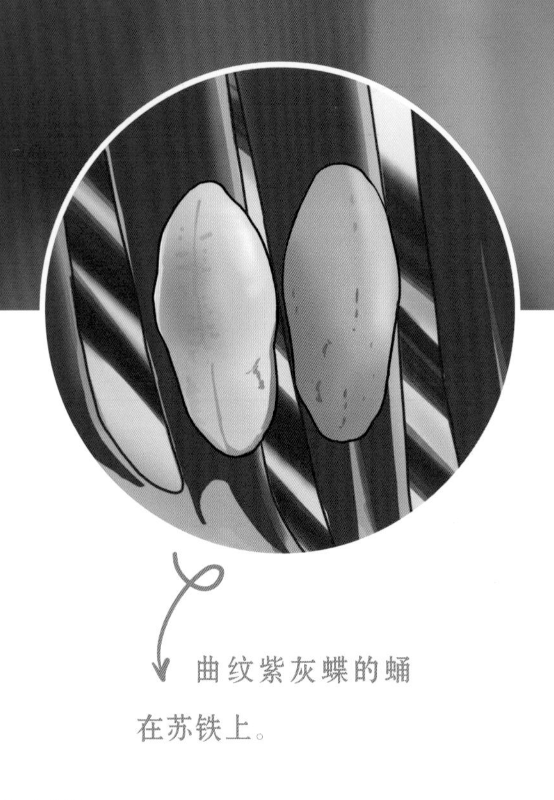

曲纹紫灰蝶的蛹在苏铁上。

曲纹紫灰蝶幼虫期极短，只有 6 天左右，它要在苏铁仅有的几天嫩叶萌出期快速成长。曲纹紫灰蝶的整个生长周期也非常短，从毛毛虫破壳到化蛹成蝶，只需要 10 天左右!

它的一生，犹如一场按了“快进键”的电影，精彩而短暂。

苎麻珍蝶

小档案

翼展 约 5 厘米

分布 我国南方各地

寄主植物 荨麻科的糯米团、苎麻等

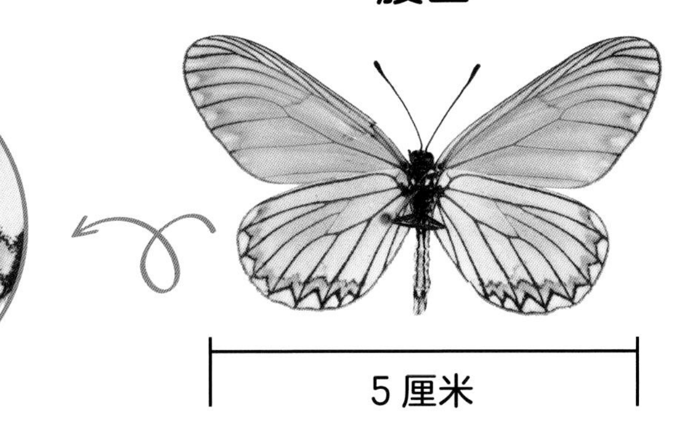

苎麻珍蝶幼虫

在苎麻叶片上，你可能会发现一种长满可怕棘刺的毛毛虫。但它们的刺是无毒的，只是在虚张声势，吓唬天敌。它们就是苎麻珍蝶幼虫。苎麻是荨麻科植物，野外常见，叶子背面为灰白色，纹路清晰。据说在棉花传入中国之前，苎麻是民间最常用的纺织原料，所织出的布叫夏布。

苎麻珍蝶的蛹

珍蝶家族主要分布在非洲和南美洲。我国仅有两种珍蝶科的成员，其中之一就是苎麻珍蝶。

苎麻珍蝶分布在我国南方各地，它们的幼虫常常成群生活，以荨麻科的糯米团、苎麻等植物叶片为食。

苎麻珍蝶栖息在林缘、草原等环境里，且飞行缓慢。苎麻珍蝶会将大片的卵粒产于苎麻叶片背面，这样不容易被天敌发现。

苎麻珍蝶羽化

苎麻珍蝶的卵

和苎麻珍蝶幼虫生活在同一区域的，还有一种体形不小的毛毛虫——苎麻夜蛾幼虫。在受到惊扰的时候，苎麻夜蛾幼虫会通过“摇头摆尾”的剧烈晃动，来驱赶敌人。

光明女神闪蝶

小档案

翼展 约 14 厘米

分布 南美洲亚马孙河流域

寄主植物 豆科植物

它被人们称为世界上“最美的蝴蝶”！它就是光明女神闪蝶，也叫海伦娜闪蝶。它的另一个身份是秘鲁的国蝶。

闪蝶家族是蝴蝶世界里颜值极高的一个类群，它们主要分布于南美洲。光明女神闪蝶的颜值更是其中的佼佼者。雄性光明女神闪蝶背面双翼的色彩极为耀眼，最明显的特征就是蓝色底上点缀着“V”形白色条纹。天然生成的一道“绶带”，贯穿双翅中央并延展到翅膀顶端。随着光线的变化，雄性光明女神闪蝶翅膀上的蓝色会闪烁出偏绿或是偏紫的光泽，而雌性光明女神闪蝶翅膀的颜色则是完全不同的风格，这也正是我们所说的**“雌雄二型”**。

雄蝶

雌蝶

光明女神闪蝶习惯在白天活动，生命周期一般为 110~130 天。和人们通常想象的“蝶恋花”不同，闪蝶家族的蝴蝶更爱吸食腐烂发酵的水果汁液或腐烂的动植物的液体。

除了光明女神闪蝶，闪蝶家族里还有很多蝶翼上闪烁着金属光泽的成员，比如塞浦路斯闪蝶、尖翅蓝闪蝶、蓝闪蝶等。

闪蝶翅膀中并不含蓝色色素，鲜艳的蓝色是翅膀鳞片的纳米结构在光的散射、衍射影响下产生的结构色。在货币防伪、特制涂料和纳米材料中，模仿蝴蝶翅膀鳞片的仿生学技术已经得到了应用。

黑脉金斑蝶

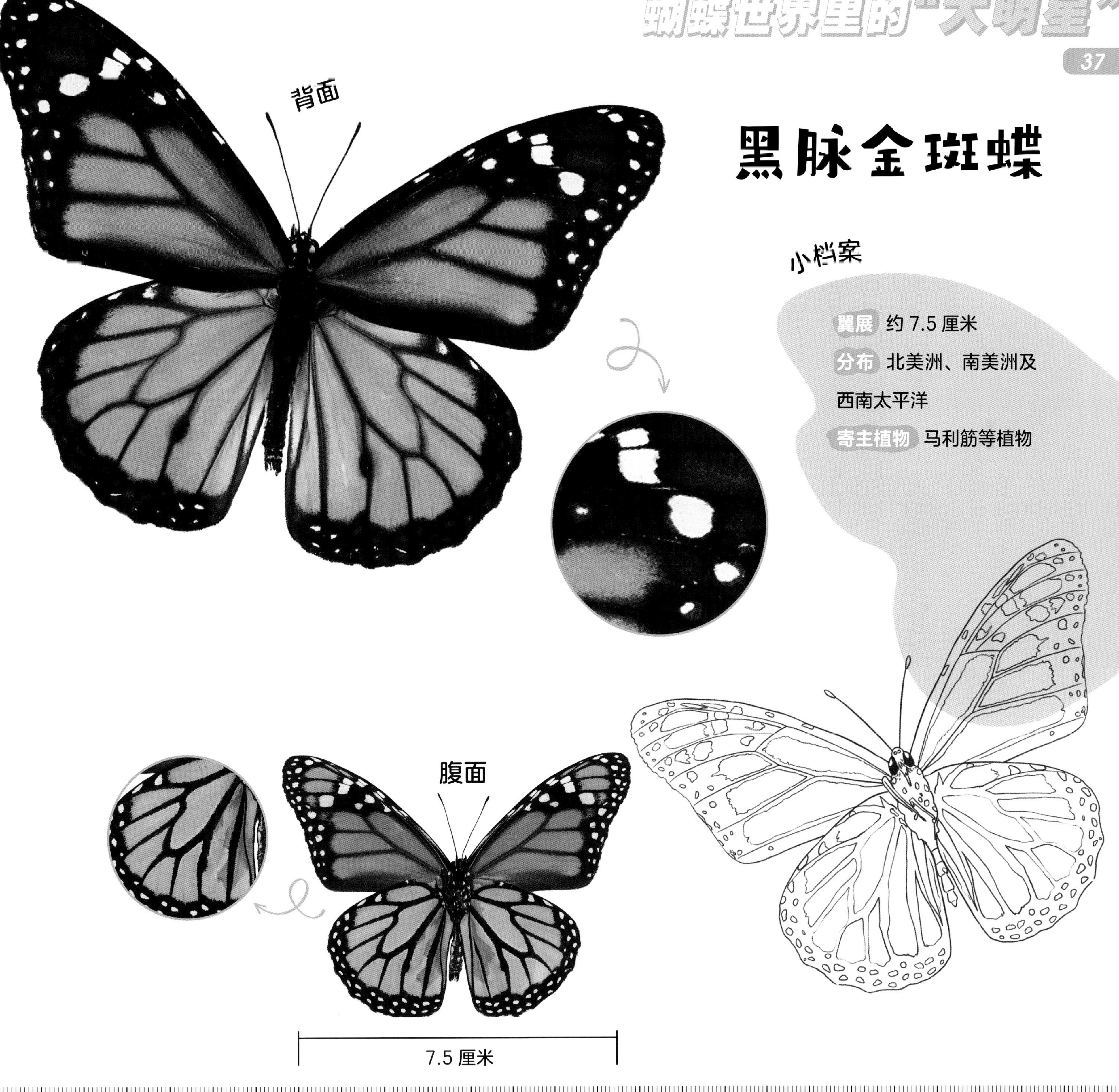

小档案

翼展 约 7.5 厘米

分布 北美洲、南美洲及西南太平洋

寄主植物 马利筋等植物

黑脉金斑蝶又称君主斑蝶，它们就像昆虫界的“候鸟”！当秋季到来，数以百万计的迁徙型黑脉金斑蝶会离开位于美国东北部和加拿大的夏季繁殖地，向南飞行 5 000 千米，到达墨西哥南部的越冬地（马德雷山脉等地区）。在越冬地，黑脉金斑蝶成群结队地落在树木枝干上，形成一场异常壮观的集会。据统计，在黑脉金斑蝶聚集的山林，几棵大树上竟可以聚集 300 多万只蝴蝶，仿佛在树枝表面覆盖上了金色的“蝴蝶毯”。

黑脉金斑蝶在南部的山林中休眠过冬，然后在来年春天向北回迁，并且在途中繁衍后代。黑脉金斑蝶的寿命并不长，没有一只黑脉金斑蝶能独立完成往返迁徙全程。但是，当老一代蝴蝶死去之后，它们的后代便会接替它们，返回来处。所以，这场壮观浩大的迁徙，是几代黑脉金斑蝶共同努力完成的。

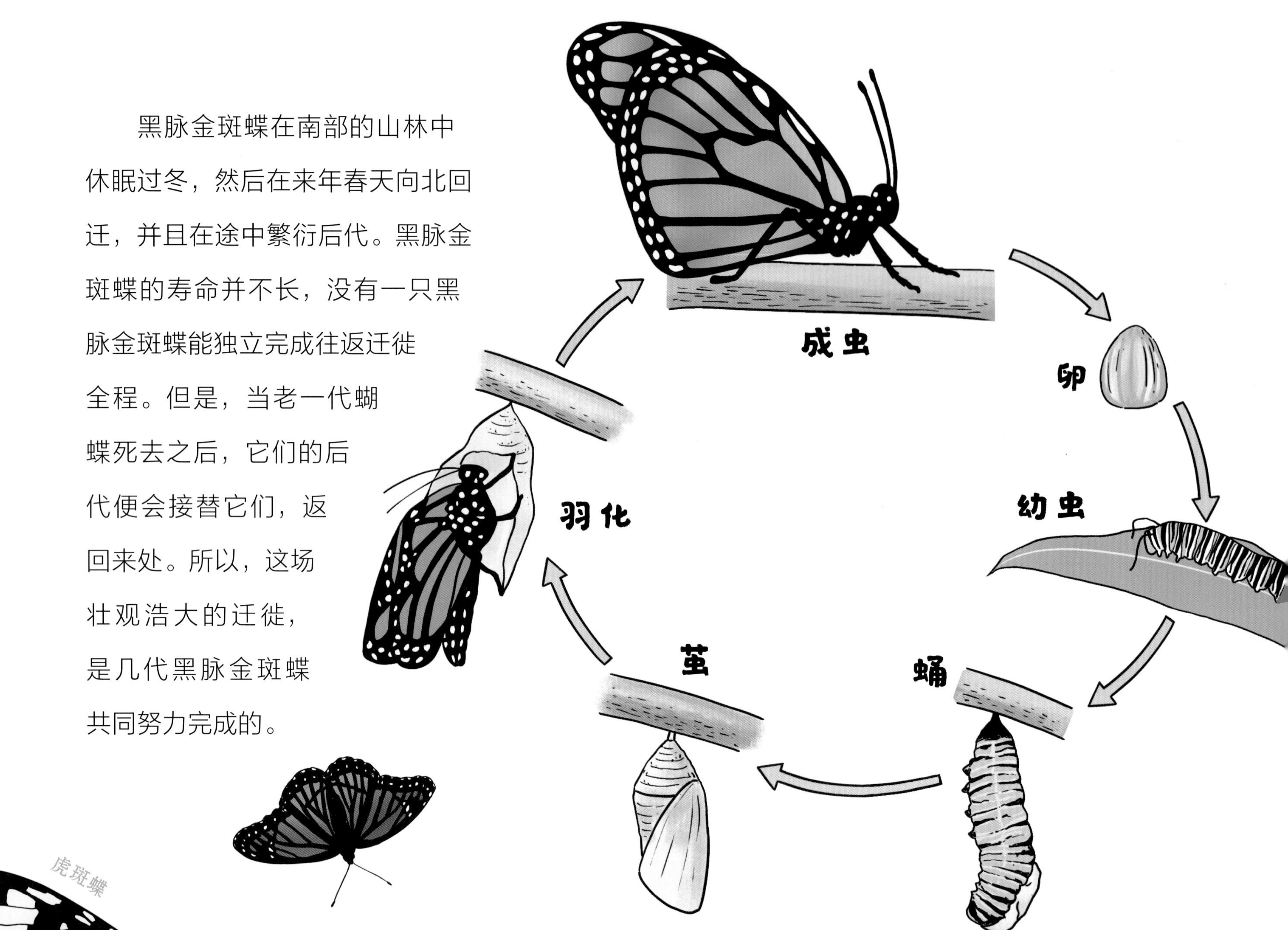

虎斑蝶

黑脉金斑蝶不但种群强大，而且个体体内具有毒素。黑脉金斑蝶幼虫以马利筋等有毒植物的叶片为食，能够将其中毒素转化为自己体内的化学武器。因此，黑脉金斑蝶明艳的色彩也是它们的警戒色。

另外，在国内也有一种斑蝶——虎斑蝶，它的外形和黑脉金斑蝶有几分相似，而且也是通过这样的警戒色来警告天敌——体内有毒，不要吃我。

枯叶蛱蝶

小档案

翼展 约 6.5 厘米

分布 我国四川、云南、广西等南方地区

寄主植物 爵床科马蓝属植物等

枯叶蛱蝶几乎是模仿枯叶最像的昆虫了！真是令人惊叹的伪装大师！

能在图中一眼找到隐藏好的枯叶蛱蝶吗？

枯叶蛱蝶翅膀正反两面的图案截然不同。当它将翅膀合拢竖立在背上的时候，我们会看到它翅膀反面的颜色、纹路以及轮廓，就如一片干枯的叶子！甚至连枯叶的叶柄，都通过翅膀的尾部惟妙惟肖地复刻出来。当枯叶蛱蝶在森林中飞行、晒太阳，或者在寻找伴侣的时候，我们才可以看见它翅膀的正面，上面有非常明艳的橙黄色斜纹以及墨蓝色的光泽。枯叶蛱蝶可以在“蝴蝶”和“枯叶”的身份之间自如切换，来达到“寻找伙伴”和“自我隐蔽”的不同目的。

枯叶蛱蝶的模样是一个被动自然选择的结果。在生物演化的进程里，如果枯叶蛱蝶长得不那么像枯叶，可能早就被淘汰了。

除了枯叶蛱蝶，我在云南还见到了和枯叶蛱蝶非常相似的蛱蝶——蠹叶蛱蝶。自然选择的压力使得两种不同的蝴蝶演化出相似的翅膀外形。所以两种生物的外表是一个被动演化的过程，也是趋同演化的结果。

猫头鹰环蝶

背面

小档案

翼展 约 15 厘米

分布 中美洲和南美洲的热带雨林

寄主植物 竹或凤梨科植物

腹面

15 厘米

为了隐藏自己的真实身份，有些蝴蝶选择模拟周围的环境，而有些蝴蝶居然“变”成了其他动物！在大自然中，有许多蝴蝶和飞蛾，不约而同地在翅膀上演化出类似猫头鹰眼睛一样的斑纹。其中最有名的，莫过于来自中南美洲热带雨林里的猫头鹰环蝶了。

几乎所有人在见到它的第一眼，都会对它翅膀上栩栩如生的眼状斑纹印象深刻。人们推测，“长着”这样生动的“大眼睛”，很有可能起到了恐吓小型鸟类的作用，使得猫头鹰环蝶能够尽可能少地受到来自小型鸟类的袭击。

除了猫头鹰环蝶以外，我们还在其他大型鳞翅目昆虫的翅膀上见到了类似的花纹。比如，在四川雅安遇见的鹗目大蚕蛾，在福建每年都会遇到的银杏大蚕蛾。这些飞蛾在受到惊吓的时候，就会将第一对翅膀向前方抬起，亮出后翅上的眼斑来吓唬来犯者。颜值颇高的玉边魔目夜蛾，翅膀上的花纹像一对可爱的猫眼睛。

玉边魔目夜蛾

除了上述大型的蝴蝶和飞蛾，还有一些小型鳞翅目昆虫的翅膀上也有精致的眼形斑，比如在国内常见的美眼蛱蝶、孔雀蛱蝶、矍眼蝶以及某些灰蝶。至于这些小型蝴蝶翅膀上的眼形斑，我猜测除了吓唬敌人，也许还有另一个用途，那就是“误导敌人”。因为，翅膀上的眼形斑有可能会让天敌产生“误判”——错误地把它的翅膀当作“头部”，作为首要攻击的目标，从而使得蝴蝶可以在第一时间规避致命伤害。当然这个猜测未来还需要你们和我一起通过实验进行验证。

玫瑰绡眼蝶

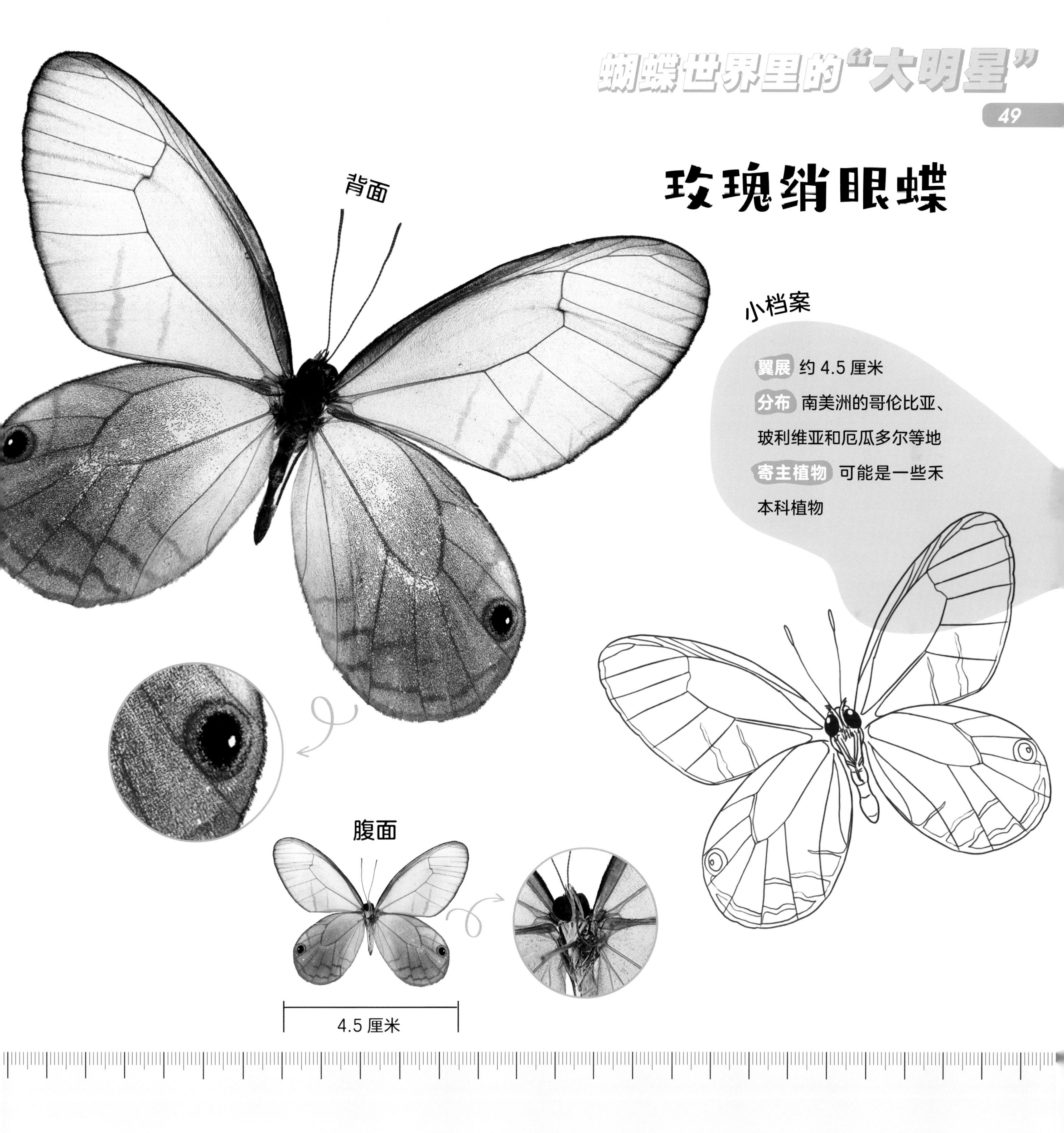

小档案

翼展 约 4.5 厘米

分布 南美洲的哥伦比亚、玻利维亚和厄瓜多尔等地

寄主植物 可能是一些禾本科植物

蝴蝶们自我保护的方式有很多，比如模拟外部环境，以及向敌人展示醒目的警戒色。有一类蝴蝶，它们的生存策略更为极致——拥有“隐形的翅膀”！

蛱蝶科的晶眼蝶族就是一类绝美的“透翅蝴蝶”，它们分布于南美洲，是一类神秘而机警的蝴蝶。通常，这些蝴蝶会贴近地面活动，混迹于下层灌木丛深处。它们一般只进行短暂的飞行，大多数时间都静止不动。其中最著名的“透翅蝴蝶”便是玫瑰绡眼蝶，其分布于亚马孙河上游地区。玫瑰绡眼蝶的翅膀透明，薄如蝉翼，在后翅末端有一抹妖娆的玫瑰红色，在阳光下若隐若现，如水晶般梦幻。

宽纹黑脉绡蝶

这透明的翅膀，最大的好处便是能够帮助这些小蝴蝶在生活环境当中“隐身”，更好地隐藏自己的行迹。另外，在蛱蝶科斑蝶亚科的绡蝶族当中，也有很多“透翅”蝴蝶，比如宽纹黑脉绡蝶。学者们发现，这类蝴蝶羽化的时候，翅膀透明区域上原先所具有的鳞粉便会悉数脱落，而透明的双翅也成为它们适应环境的伪装术。

天堂凤蝶

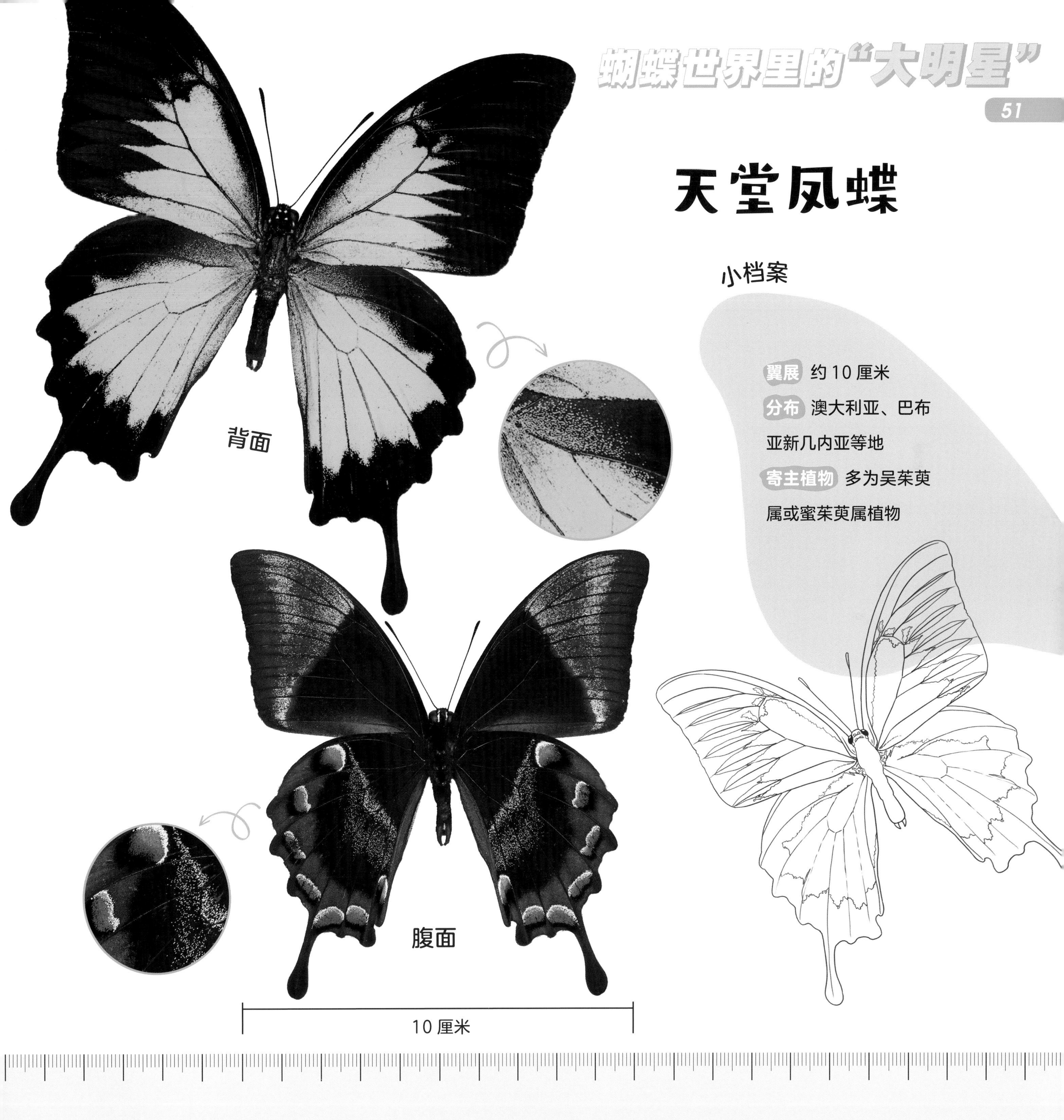

小档案

翼展 约10厘米

分布 澳大利亚、巴布亚新几内亚等地

寄主植物 多为吴茱萸属或蜜茱萸属植物

天堂凤蝶是澳大利亚国蝶，它的翅膀展开可达 10 厘米，而且拥有天空般湛蓝的颜色和丝绒般的质感。

传说，在十八世纪末，澳大利亚这块“新大陆”才被欧洲的探险家们发现。当消息被探险家带回欧洲以后，英国和法国都派出了船队，想要探索和占领这块“新大陆”。

当时法国的造船技术较为先进，所以法国船队捷足先登。他们先到达了今天的澳大利亚维多利亚港，并将它命名为“拿破仑领地”。可就在法国人下船的时候，眼前飞过一只他们从未见过的、美丽异常的蝴蝶——天堂凤蝶。法国船队队长对这只蝴蝶非常感兴趣，于是下令全员出动去追捕这只奇特的蝴蝶。

就在法国人进入森林寻找蝴蝶的同时，英国人也到了。抵达目的地的英国人没有丝毫懈怠，把大英帝国的标识插得遍地都是。所以当法国人和英国人碰面以后，英国人俨然以胜利者的姿态，向他们介绍“维多利亚”的领地归属——现如今，澳大利亚依然是英联邦国家。

无论这个传说是否属实，天堂凤蝶的确是一种非常吸引眼球的蝴蝶。在天堂凤蝶生活的地方，它被人们视为来自“天堂的使者”。天堂凤蝶还是澳大利亚昆士兰州的旅游象征物。

当然，许多国家都有属于自己的国蝶，比如光明女神闪蝶是秘鲁的国蝶，塞浦路斯闪蝶是哥伦比亚的国蝶，君主斑蝶是美国的国蝶，红珠凤蝶是新加坡的国蝶，翠叶红颈凤蝶是马来西亚的国蝶。我国的国蝶目前暂定为国家一级重点保护野生动物——金斑喙凤蝶。

白带螯蛱蝶

小档案

翼展 约 8 厘米

分布 我国华中、华南、华东、西南等地

寄主植物 大多为樟科植物

看，它像不像一条小青龙?

我在一棵樟树下，抬头就发现了一条趴在叶子表面的、形似小青龙的毛毛虫，它就是白带螯蛱蝶的幼虫。这种可爱的“小青龙”并不会伤人，它们最显著的特征就是脑袋上有四根“犄角”，在背部中间，还有一个圆形的斑块。

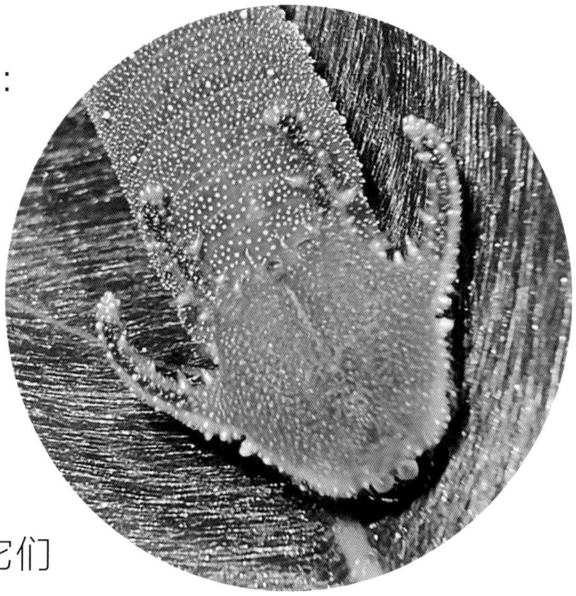

白带螯蛱蝶有发达的肌肉，善于在树林间快速飞行、穿梭。有诗句写道:“穿花蛱蝶深深见，点水蜻蜓款款飞。”瞧，古人竟然把蛱蝶敏捷灵动的飞行姿态描写得如此生动。

白带螯蛱蝶还常常栖息在树枝枝头、屋檐等高处，再加上它们的翅膀合拢后所呈现的枯黄色调，并不太容易被人们发现。但是，有一样东西可以将它们吸引到地面，那就是它们喜欢的食物。说起白带螯蛱蝶喜欢的食物，多少有点“重口味”。蛱蝶家族的很多成员，口味都比较独特——地面上掉落的烂水果、树干上流出的发酵树汁、动物的尸体甚至是排泄物，这些都有可能成为白带螯蛱蝶补充矿物质和能量的食物。所以，早就有人用米酒、腐烂发酵的水果等来吸引它们。

白带螯蛱蝶的足部长有味觉器官。所以，只要它们停落在食物表面，就可以立刻用足进行“品鉴”，来判断是不是自己喜欢的美食。

燕凤蝶

小档案

翼展 约 3.5 厘米

分布 我国广东、广西、云南、海南等南方地区

寄主植物 莲叶桐科青藤属植物

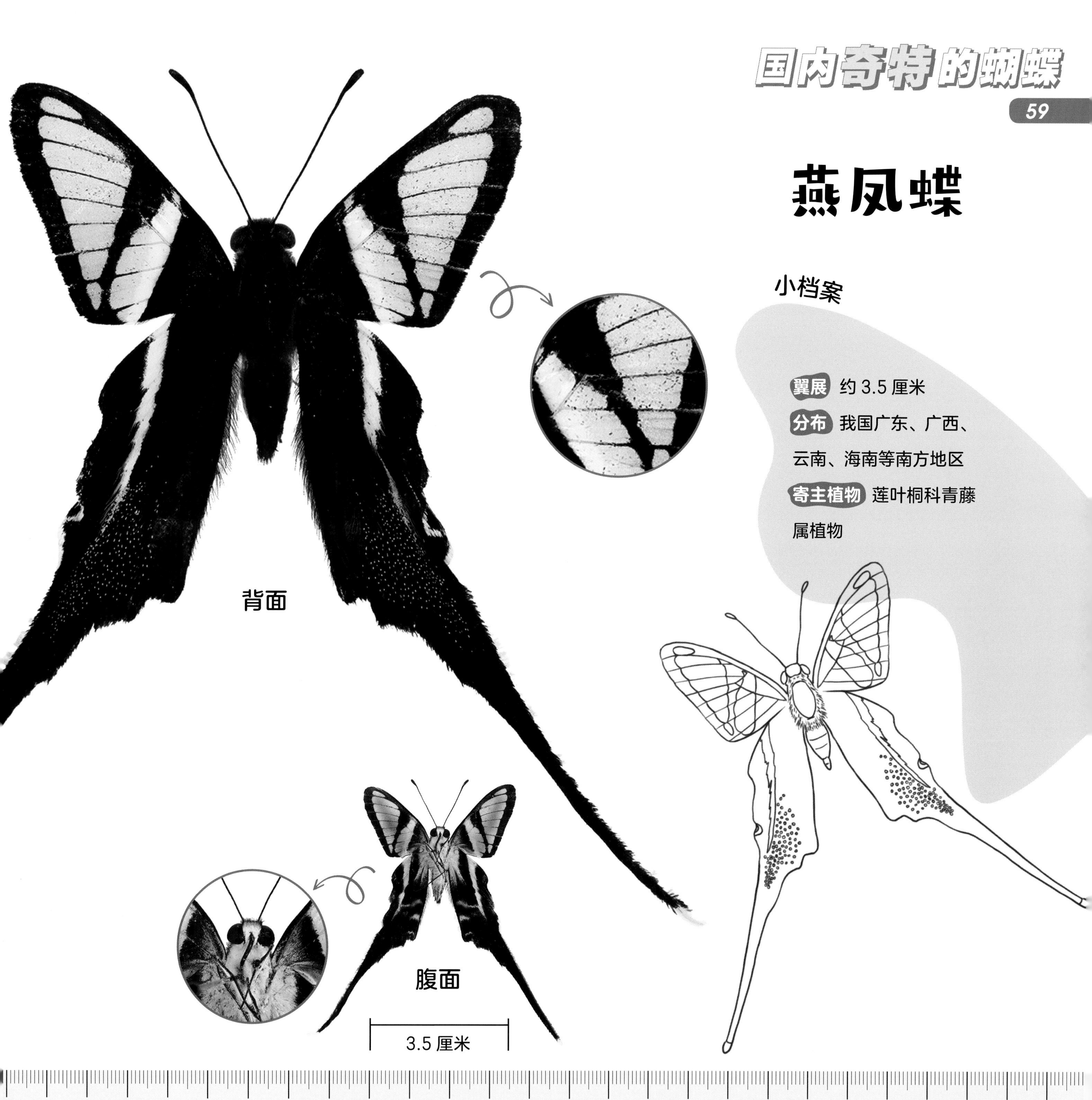

燕凤蝶是我国体形最小的一种凤蝶，它的翅膀比成人的指甲盖大不了多少。我第一次遇见它的时候，还以为碰见了一种在低空飞舞的蜂类——振翅速度很快，行踪飘忽不定。经仔细观察才发现，原来这些精灵是小巧玲珑、拖曳着两根“燕尾”的燕凤蝶。

燕凤蝶体形虽小，但颜值很高。它的前翅大部分是透明的，后翅拥有发达的尾突，犹如拖着一条风情万种的飘带，所以它们飞行的姿态甚是优美，简直可以用“仙气十足”来形容。由于体态娇小并且肌肉发达，燕凤蝶天生拥有高超的飞行技巧，甚至可以悬停在半空中或随心所欲地改变飞行方向，比其他蝴蝶要灵活许多。

在山谷溪流附近，燕凤蝶喜欢聚集在泥滩或水洼旁汲取水分，补充矿物质。在汲水的同时，燕凤蝶会保持翅膀的高速震动，一旦遇到惊扰便会迅速起飞，销声匿迹。

燕凤蝶在汲水。

燕凤蝶主要分布在我国广东、广西、云南、海南等地。它们喜欢栖息在山林溪谷之中，幼虫以莲叶桐科的红花青藤等为食。交配后的雌蝶通常会把卵产在寄主植物叶片的背面，以尽可能隐藏自己和卵的踪迹。一个地区有无燕凤蝶活跃，可以帮助人们判定当地生态系统是否完整、是否健康。另外，燕凤蝶也是维系生态系统物种多样性的主要物种。

金裳凤蝶

小档案

翼展 约 14 厘米

分布 我国南方地区

寄主植物 马兜铃

燕凤蝶是我国体形最小的凤蝶，而金裳凤蝶则是我国体形最大的凤蝶之一。我第一次亲眼领略金裳凤蝶的“盛世美颜”，是在四川雅安的一处农家庭院之中。那天清晨，庭院里栽种的大丽花吸引来一只身形硕大、色彩华丽的金裳凤蝶，它不断扑扇着翅膀，吮吸花蜜，一对金灿灿的后翅在朝阳的照耀下显得格外光彩夺目。

金裳凤蝶体形很大，它们的幼虫体形也十分惊人，其形状犹如海参。金裳凤蝶的幼虫以马兜铃的叶子为食，它的身体表面还密集生长着不刺人但看起来吓人的肉刺。马兜铃是有毒的植物，金裳凤蝶的幼虫不但不怕，还可以将马兜铃的毒素转化为体内的化学武器，用来抵御鸟类等天敌。所以，金裳凤蝶外表的华丽色彩可能起到了警戒色的作用。

金裳凤蝶化蛹。

金裳凤蝶主要栖息于海拔 1 200 米以下的山地、丘陵地带。随着人类活动范围不断扩大，金裳凤蝶的栖息和生存环境也在不断受到破坏，这导致金裳凤蝶的数量越来越少。目前，它被列为我国国家二级重点保护野生动物。

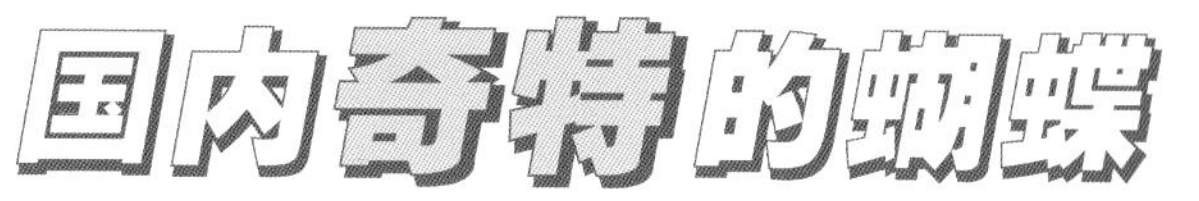

鹤顶粉蝶

背面

小档案

翼展 约 7.5 厘米

分布 我国福建、广东、广西、云南等南方地区

寄主植物 鱼木和槌果藤等

十一月的福建，如果遇到阳光明媚的好天气时，我们依然会在野外看到鹤顶粉蝶活跃的身影。鹤顶粉蝶是我国体形最大的粉蝶科家族成员，形态也非常有特色：背面的翅膀大部分区域是雪白的，前翅末端却有黑边橙色斑纹，极具辨识度。鹤顶粉蝶的飞行速度很快，用捕虫网都不容易捕到。它们时而俯冲到森林地表的花丛附近徘徊片刻，时而又直冲云霄消失在茂密的树冠之间。它们疾飞的样子非常洒脱。

鹤顶粉蝶的幼虫体形很大，成熟幼虫的胸部两侧会出现红色和蓝色的眼状突起。如果感到危险，它会抬起头，将上半身鼓起，模仿蛇的外形来威吓敌人。尽管看起来吓人，但同样是虚张声势。鹤顶粉蝶幼虫并没有毒毛和毒刺，它们的寄主植物是鱼木和槌果藤。

报喜斑粉蝶

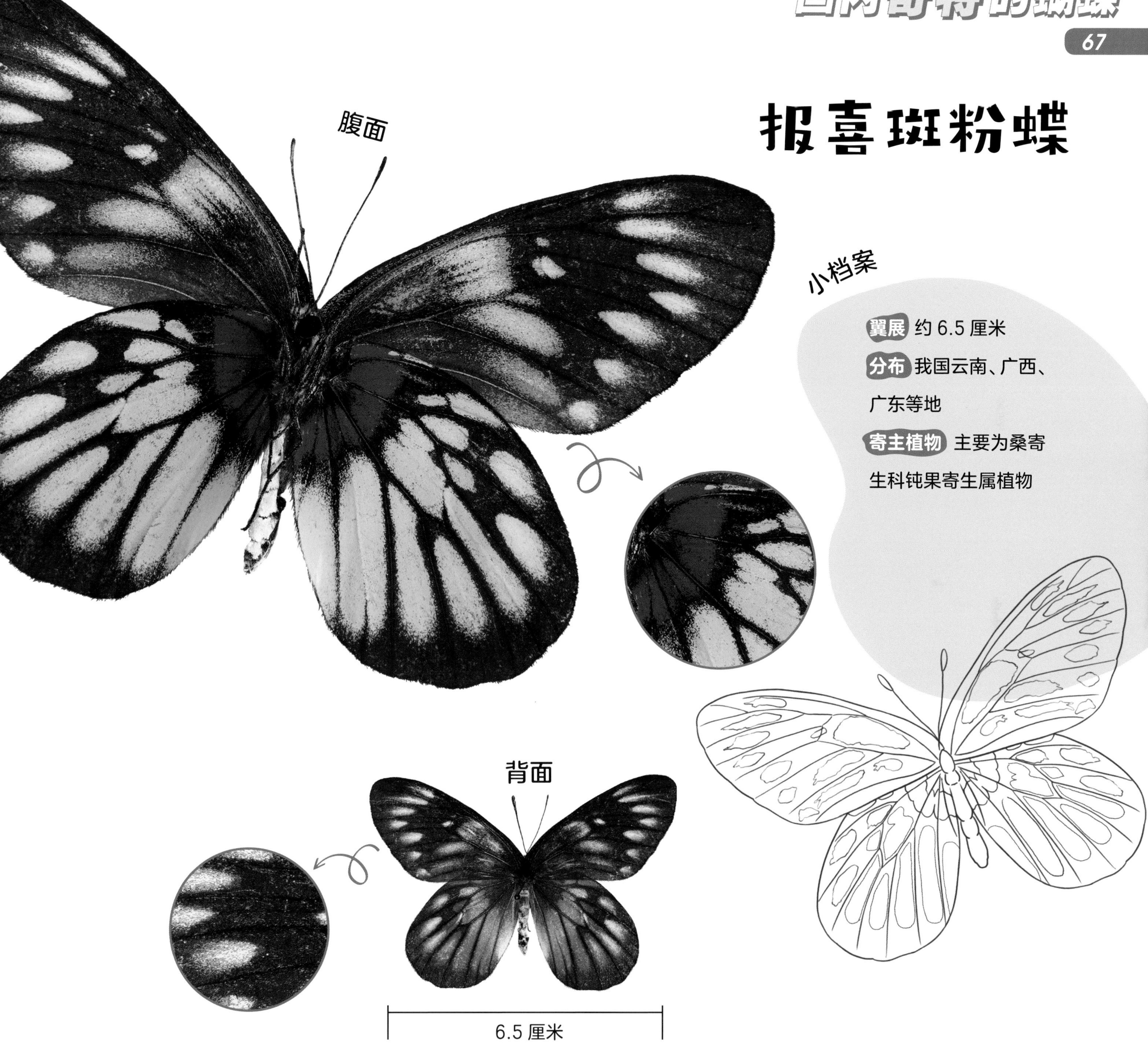

小档案

翼展 约 6.5 厘米

分布 我国云南、广西、广东等地

寄主植物 主要为桑寄生科钝果寄生属植物

在粉蝶家族中，有一种名字格外喜庆的蝴蝶——报喜斑粉蝶。这不仅是因为它们翅膀上的红黄配色看起来非常喜庆，还因为在早春时节便可以见到它们的身影，让人觉得是“报喜”的好兆头！

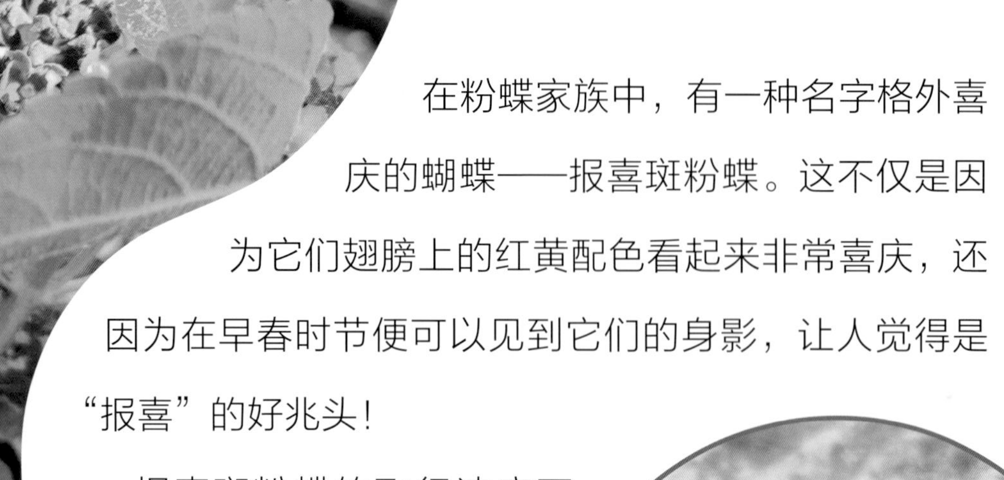

报喜斑粉蝶的飞行速度不快，用捕虫网可以轻易地拦截并捕捉它。因此，我们可以仔细观察它的形态。报喜斑粉蝶腹面翅膀的花纹由红、黄、黑、白四种颜色组成，鲜明饱满。在广西、广东等地的冬天，当大部分蝴蝶正在以蛹或幼虫的形态过冬的时候，报喜斑粉蝶仍旧淡定悠闲地在野外活动，它那不紧不慢的飞行姿态和喜庆的色彩，为萧瑟的冬季与早春增添了一抹亮丽与活力。

优越斑粉蝶

报喜斑粉蝶的幼虫主要以檀香科的寄生藤和桑寄生科的植物为寄主。在繁殖期，雌蝶会在寄主植物的叶片上将卵摆放在一起，这些卵看起来就像微型的金黄色炮弹。孵化以后的幼虫往往过着集体生活，它们一起吃饭，一起睡觉，直到在同一片区域纷纷化蛹。

在斑粉蝶的家族中，还有优越斑粉蝶和艳妇斑粉蝶，它们翅膀上的色彩搭配也都是那么鲜明动人。

艳妇斑粉蝶

网丝蛱蝶

小档案

翼展 约 6 厘米

分布 我国四川、浙江、广东等南方地区

寄主植物 榕属植物

网丝蛱蝶也被称为“地图蝶”，在它的翅膀上，密布着别具一格、颇具科技感的线条纹路。我至今还记得，当我第一次在公园的地面捡到一枚网丝蛱蝶残破的遗骸，为蝶翼上拥有如此别致奇特的纹路感到惊奇。

网丝蛱蝶常常出现在溪边泥滩附近，它会一动不动、悄无声息地吮吸溪水或者沐浴阳光，一旦有风吹草动，又会以极快的速度消失得无影无踪，真是“静若处子，动若脱兔”的小精灵。危机四伏的自然界常常会让弱小的生物演化出敏感机警的性格。网丝蛱蝶翅膀上纵横交错的线条，似乎也有助于它模糊自己的身体轮廓，让自己可以更好地“隐身”于落叶枯枝的背景里，不被天敌发现。

乌桕大蚕蛾

雌蛾背面

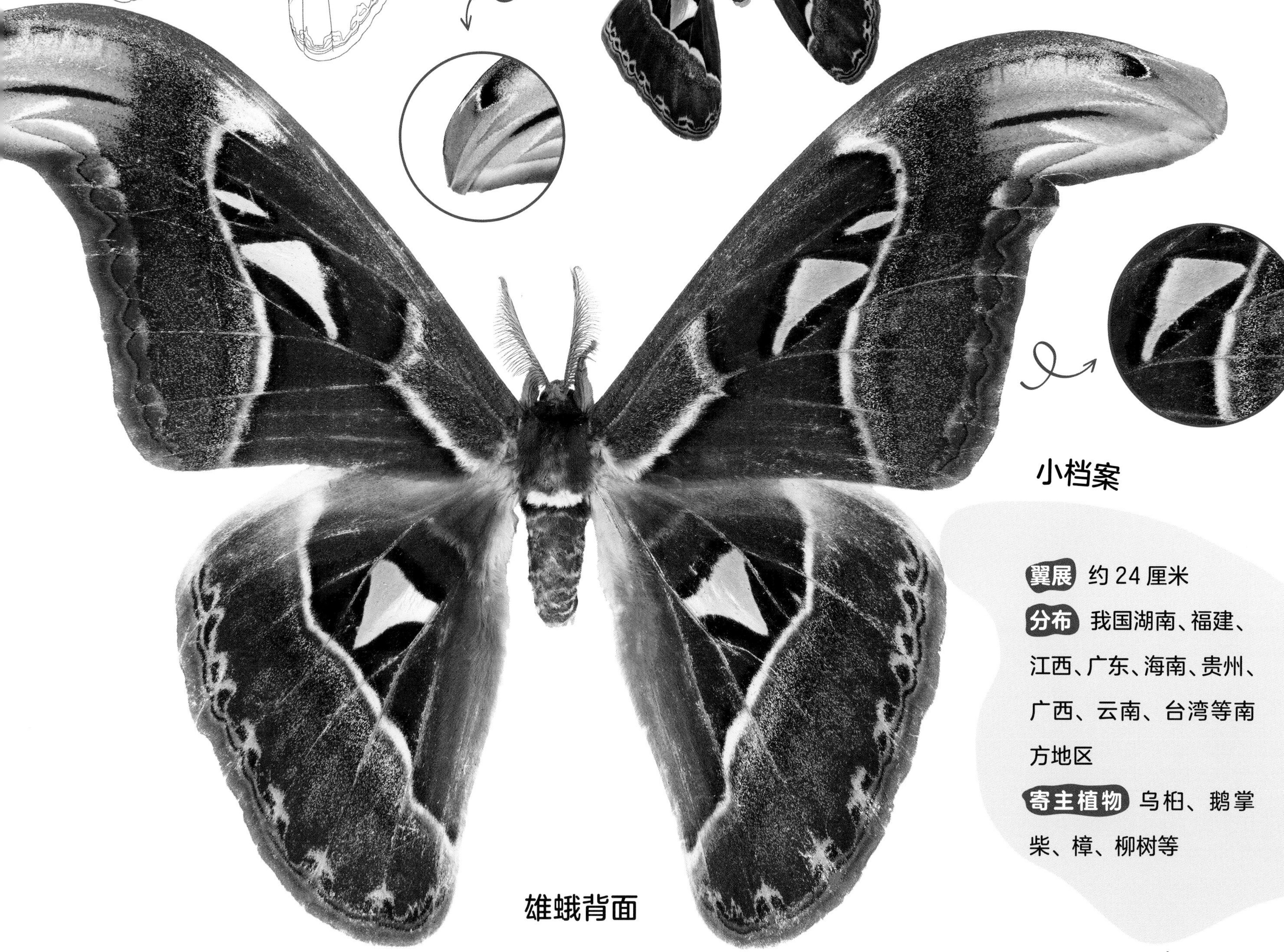

雄蛾背面

24 厘米

小档案

翼展 约 24 厘米

分布 我国湖南、福建、江西、广东、海南、贵州、广西、云南、台湾等南方地区

寄主植物 乌桕、鹅掌柴、樟、柳树等

在一个寂静的深夜，我们打着手电筒走在山间小路上，抬头忽然看到一只体形硕大的毛毛虫，它在手电筒光下呈现出白色反光。我们赶紧走上前去仔细观察，发现这是一条绿色的、在身体表面覆盖着白色蜡粉、长着密集肉刺的巨大毛虫。原来，它就是我国体形最大的飞蛾之一——乌桕大蚕蛾的幼虫！

白女巫蛾

乌桕大蚕蛾，也叫皇蛾，它的翅膀巨大，翼展可以达到 24 厘米。只要亲眼见过它一次，都会对它留下深刻的印象。乌桕大蚕蛾的翅膀整体色调为棕褐色，在四片翅膀的中间各有一块三角形的半透明区域，仿佛是在翅膀上开了“天窗”。

翼展最大的飞蛾是白女巫蛾，在 25~30 厘米。

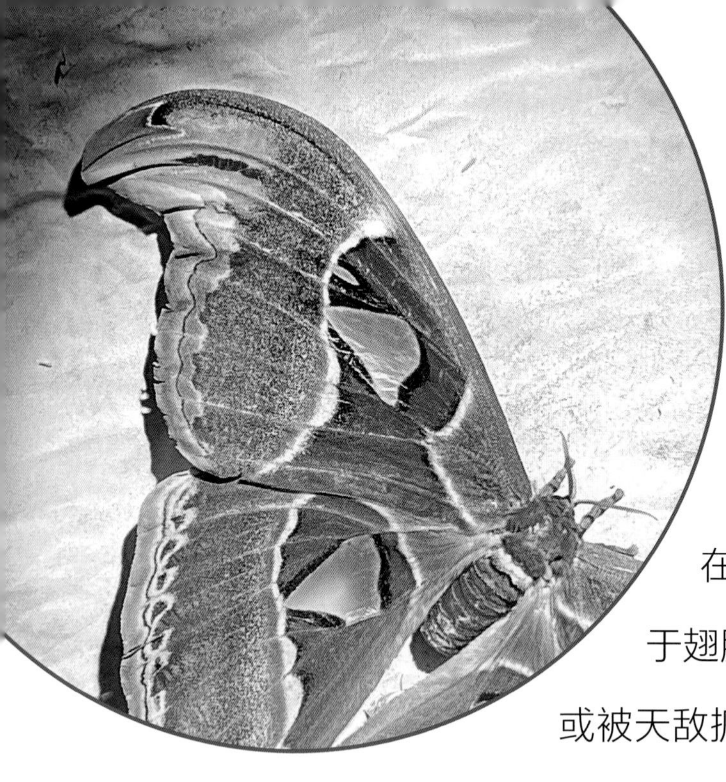

你看它前翅的尖端部分
多像一个蛇头啊！

乌桕大蚕蛾喜欢在深夜活动。有时候，在山林附近的灯光下，就会遇到乌桕大蚕蛾被灯光吸引而来的身影。它扇动着巨大的翅膀，从漆黑的夜空突然现身，环绕着灯光一遍又一遍地飞舞，最终在众人的惊叹声中掉落下来，但很少有人敢轻易上前去触碰它。由于翅膀面积巨大，乌桕大蚕蛾的翅膀很容易在飞行的过程中被树枝划破，或被天敌抓破，我甚至见到过十分残破、几乎完全失去后翅的乌桕大蚕蛾在灯光下飞舞。这不禁让人惊叹，也许这就是大自然早已预留好的设计，就像直尺最前端会预留出一段空白的部分——即便来自生活的损耗难以避免，但也不会真正影响它的生活。

乌桕大蚕蛾在我国还有一个体形几乎不相上下的“亲戚”，名叫冬青大蚕蛾。冬青大蚕蛾整体形态和乌桕大蚕蛾极其相似，但有许多细节是不同的。比如，它们在前翅顶端的斑点位置不同，乌桕大蚕蛾的翅膀顶端看起来像蛇头（故也被称为蛇头蛾），而冬青大蚕蛾的翅膀顶端看起来像蛙头（故也被称为蛙头蛾）。

冬青大蚕蛾

长尾大蚕蛾

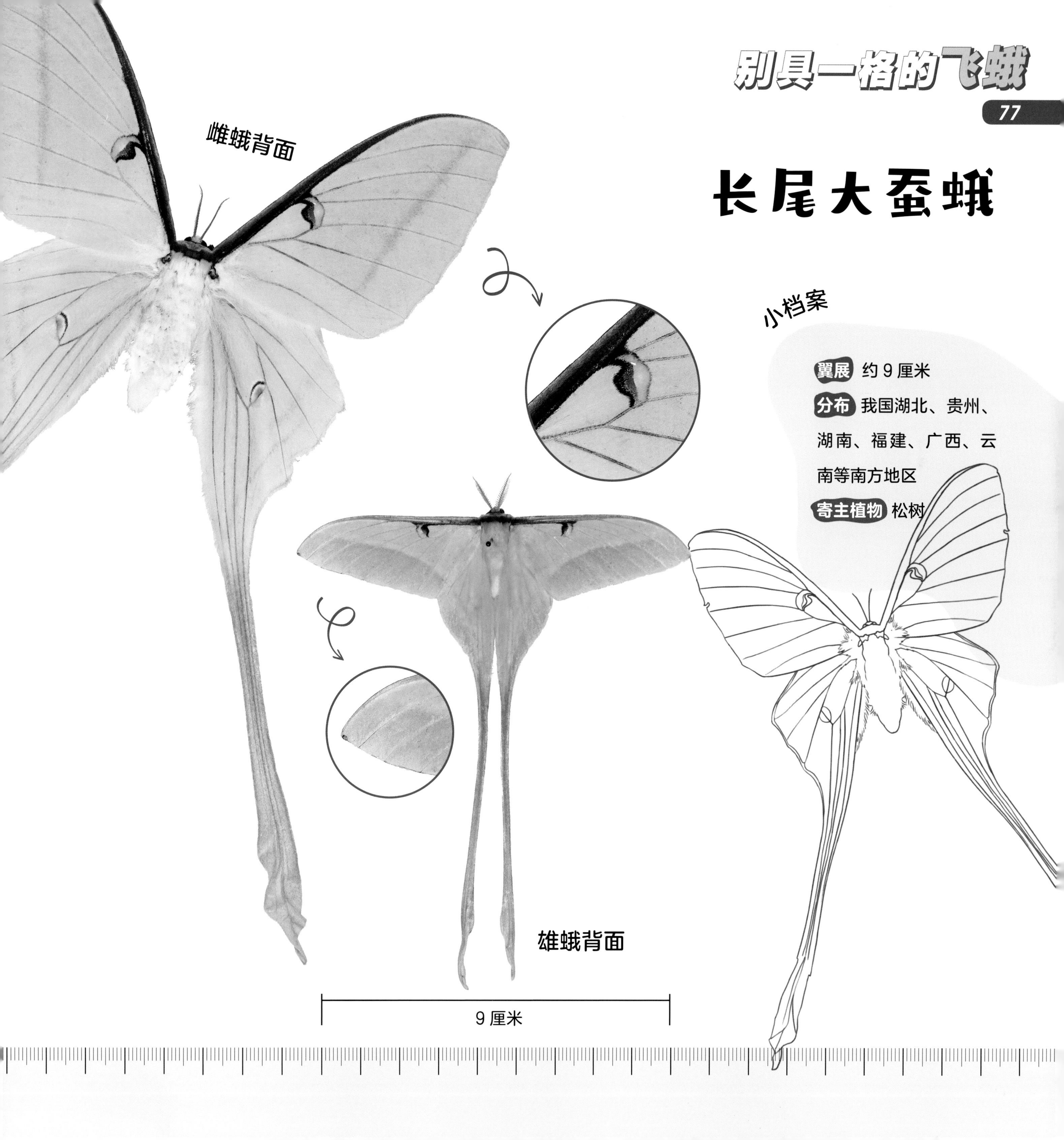

小档案

翼展 约 9 厘米

分布 我国湖北、贵州、湖南、福建、广西、云南等南方地区

寄主植物 松树

在夏季的夜晚，昆虫爱好者们最喜欢做的一件事情就是在树林附近点一盏灯，进行一场叫做“灯诱”的活动。通过“灯诱”，吸引各种具有趋光性的昆虫，一次性观察到许多有趣的物种。

在七八月这场“灯光聚会”里，我们遇见了期待已久的主角之一——美得令人难忘的长尾大蚕蛾。很难想象，这个惯常在黑夜里活动的生命，居然拥有如此粉嫩娇艳的颜色。它们犹如夜空里的风筝，由远及近地靠近灯光，最终落在我们眼前。

雄性长尾大蚕蛾是粉黄配色，有更加发达的蛾眉；而雌性长尾大蚕蛾则是嫩绿的色调。雌性和雄性长尾大蚕蛾同样拥有一对极度延伸的、细长的尾突，而这对标志性的尾突，并非徒有其表。据研究，它们延长、卷曲的尾突形状，有利于在飞行过程中干扰蝙蝠的回声定位，从而使蝙蝠对它们的确切位置产生误判。在人类的眼里，这对尾突是漂亮的装饰，对它们而言，是保命的设计。

长尾大蚕蛾的幼虫以马尾松等松树的叶子为食。它们的身上也有很多针状突起，但并不扎人。

长尾大蚕蛾幼虫

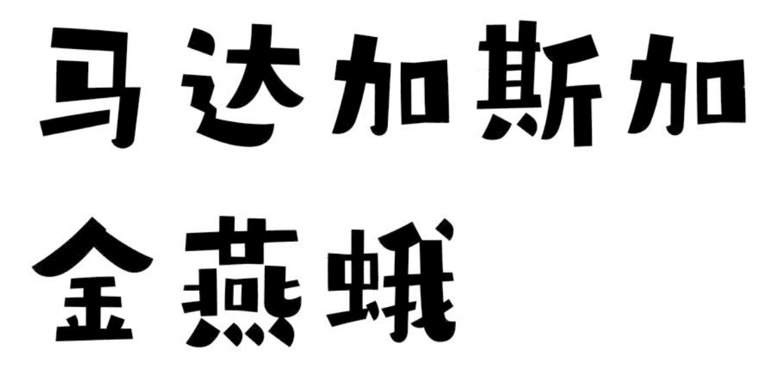

马达加斯加金燕蛾

腹面

小档案

翼展 约 7 厘米

分布 马达加斯加地区

寄主植物 脐戟属植物

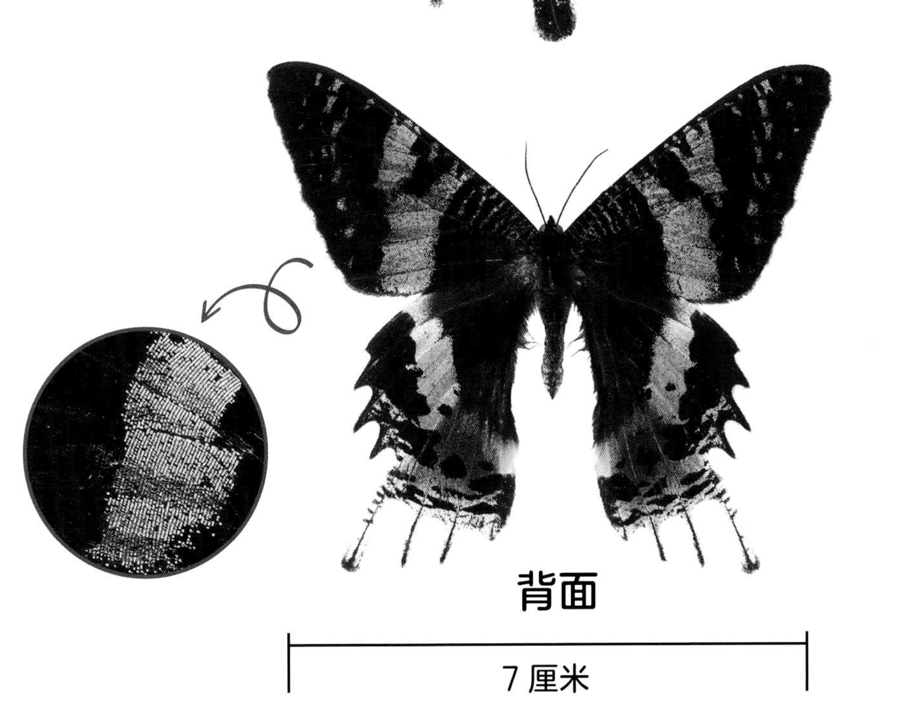

7 厘米

在大多数人的认知当中，蛾类色彩单调、灰暗，但这只是人们的刻板印象。其实在蛾类的世界里，有很多成员的颜值并不逊色于蝴蝶，比如我们先前介绍的长尾大蚕蛾。还有一种飞蛾，它浑身散发着璀璨的金属光泽，即便是一些艳丽的蝴蝶与它比美，也可能会败下阵来——它就是马达加斯加金燕蛾（马岛金燕蛾），也被称为“太阳蛾”“日落蛾”。

马达加斯加金燕蛾，隶属于燕蛾科、金燕蛾属。马达加斯加岛是世界第四大岛屿，由于特殊的地理位置，岛上繁衍着许多奇妙的特有物种。马达加斯加金燕蛾是一种在白天活动的蛾类，它艳丽的翅膀和吉丁虫的鞘翅一样，在过去曾作为珠宝首饰的装饰物。然而，马达加斯加金燕蛾如此亮丽的色彩，其实是用来警戒捕食者的。

马达加斯加金燕蛾的幼虫以脐戟属的有毒植物叶片为食，并将毒素储存在体内，一直保留到成虫时期。

与“太阳蛾”相对应的，还有一种被称为“月亮蛾”的蛾类，它们也很美丽。说到这些生得几乎和蝴蝶别无二致的蛾类，很多人不免产生疑问：到底该如何区分蝴蝶和飞蛾呢？

白天活动的银斑天蛾。

我想介绍一种基础的特征区分法，就是通过观察蝴蝶和飞蛾的触角来识别二者。绝大部分的蝴蝶，触角都是棒状的，也就是说，其触角从基部到顶端，是逐渐由细变粗的形状，像棒球棒；而飞蛾的触角，有些是丝状的，有些像羽毛。当然，你可能也注意到了，我这里用了“绝大部分”这样的措辞——因为在蝴蝶和飞蛾之间，并没有绝对清晰的界线，很多所谓的区分手段都有例外。比如，虽然大多数飞蛾喜欢在夜间活动，但像粉蝶灯蛾、银斑天蛾等却喜欢在白天活动；虽然大多数蝴蝶在停歇的时候会将翅膀立起来，但其实它们展开翅膀休息的姿态也并不少见；虽然绝大多数蝴蝶的触角是棒状的，但喜蝶的触角却是丝状的……

所以，蝴蝶和飞蛾在现代分类学的框架下很难截然分开，我们甚至可以把蝴蝶当作是一类特殊的飞蛾，这样的看法似乎更加符合客观事实。不过对于我们平时分辨常见的蝴蝶或飞蛾种类来说，倒是可以不必深究那些“例外”。“蝶蛾之分”对我们最大的启发可能就是：大自然的奥秘简直无穷无尽，没有绝对的标准，且不被人类的定义所定义。

鬼脸天蛾

小档案

翼展 约 10 厘米

分布 我国湖南、海南、广东、广西等南方地区

寄主植物 茄科、木樨科、紫葳科、马鞭草科、唇形科等植物

鬼脸天蛾幼虫

鬼脸天蛾是一种颇具神秘色彩的蛾类。通过观察它的外形，不难看出它名字的由来。在鬼脸天蛾的背部，有着惟妙惟肖的“脸谱”，看起来就像印着一幅“鬼脸”。鬼脸天蛾的习性也很奇特，它们不但在深夜活动，而且还喜欢在夜里钻进蜜蜂的巢穴偷吃蜂蜜。一旦遇到惊扰，它们还会发出“吱吱”的叫声。

鬼脸天蛾在我国的分布范围很广。白天，它们多会趴在树干上，身体的颜色和树皮的颜色几乎融为一体。

鬼脸天蛾依靠敏锐的嗅觉，可以在夜晚准确地找到蜂巢，并从巢门或其他缝隙进入蜂巢大快朵颐。鬼脸天蛾躯体结实强壮，身体表面的鳞粉光滑，蜜蜂的蜂针不容易对它造成伤害。

鬼脸天蛾的幼虫以茄科、马鞭草科、木樨科、唇形科等植物为寄主，待幼虫老熟之后便会钻入土中化蛹。鬼脸天蛾的幼虫有一条向上勾起、带小刺的尾巴。

振翅发出声响。

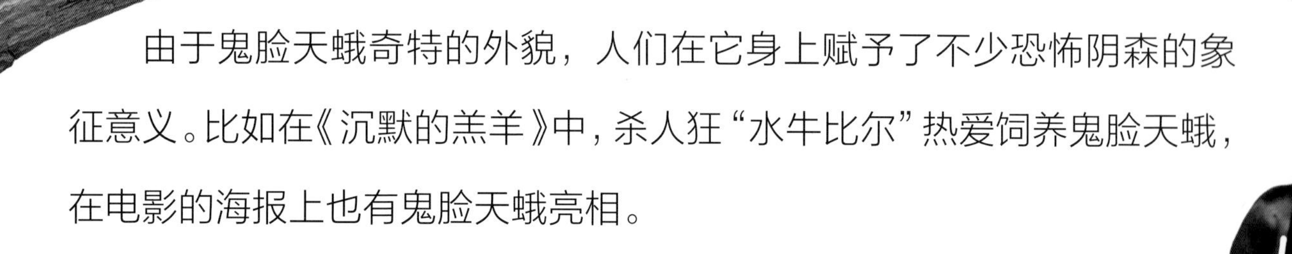

由于鬼脸天蛾奇特的外貌，人们在它身上赋予了不少恐怖阴森的象征意义。比如在《沉默的羔羊》中，杀人狂“水牛比尔”热爱饲养鬼脸天蛾，在电影的海报上也有鬼脸天蛾亮相。

灯光下的飞蛾舞会

在夏夜的灯光下，我们来到山脚下的一家院落，在院子里展开了一场万众期待的“灯诱”活动。随着夜幕降临，灯光下的主角也一一“登场”了！

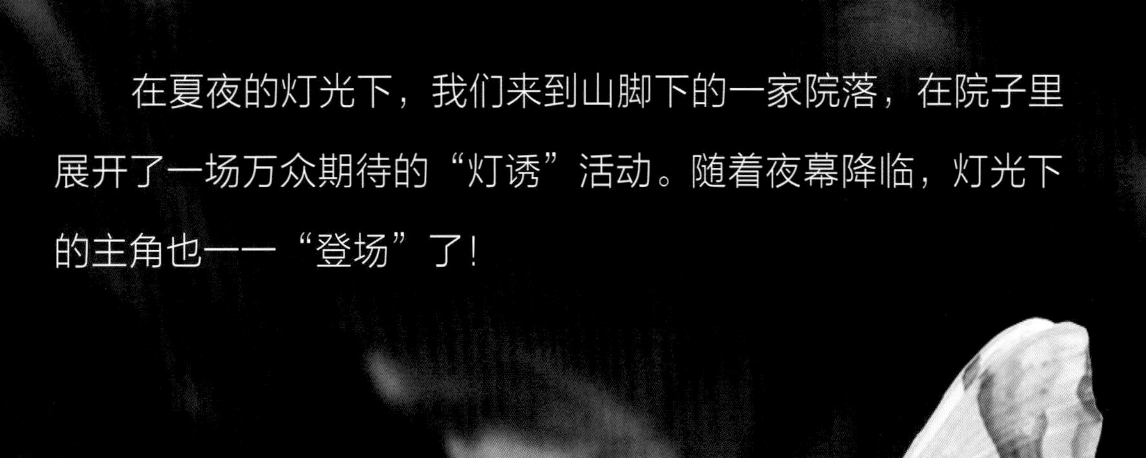

大自然里的花间仙子

挑一个阳光明媚的好天气，让我们走进森林，寻找蝴蝶的身影。虽然它们看起来灵动多姿，充满生机与活力，但大多数蝴蝶的生命都十分短暂，有的可能只有短短几个星期。它们从一颗卵开始，经历幼虫期，侥幸躲过天敌的“追杀”，而后变成不吃不动、积蓄能量重建外形的蛹，最终才能够摇身一变，成为翱翔天空、惊艳世界的花间仙子——大自然里的生命总是来之不易。

蝴蝶标本图

白蚬蝶　　黄粉蝶　　橙粉蝶　　蚜灰蝶

达摩凤蝶　　红珠凤蝶　　玉斑凤蝶　　蓝凤蝶

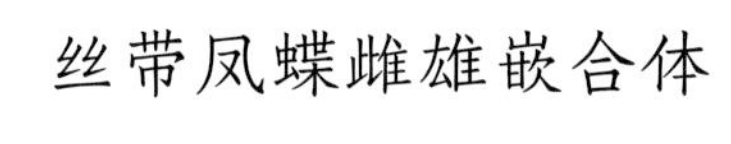

丝带凤蝶雌雄嵌合体

黑框蓝闪蝶　　月神闪蝶

大帛斑蝶

青豹蛱蝶（雌）

琉璃蛱蝶

白斑迷蛱蝶

血漪蛱蝶

青豹蛱蝶（雄）

大红蛱蝶

孔雀蛱蝶

美眼蛱蝶

翠蓝眼蛱蝶

飞蛾标本图

乌桕大蚕蛾

角斑樗蚕蛾

枯球箩纹蛾

青球箩纹蛾

猿面天蛾的口器

猿面天蛾

大燕蛾

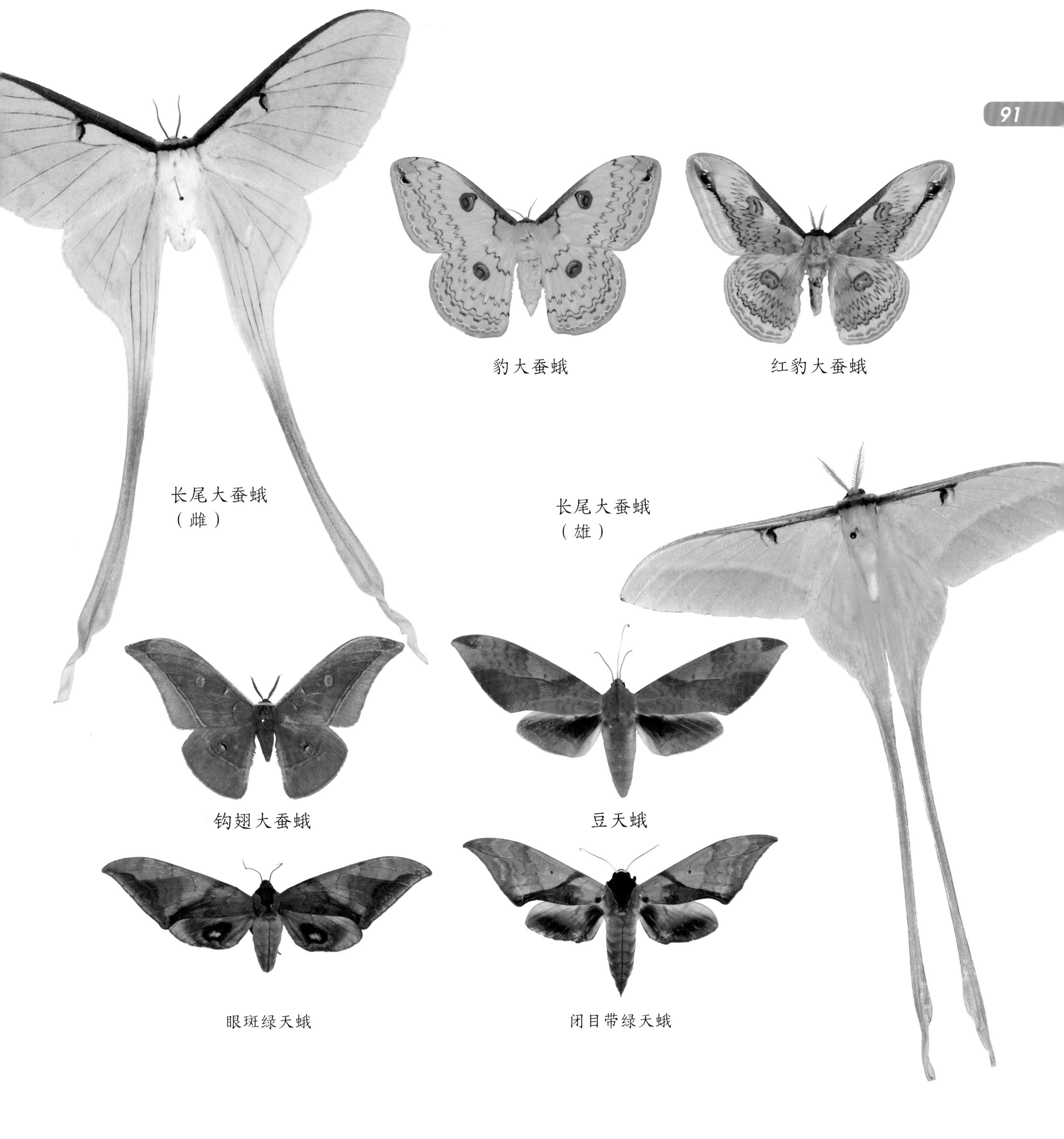

长尾大蚕蛾（雌）

豹大蚕蛾

红豹大蚕蛾

长尾大蚕蛾（雄）

钩翅大蚕蛾

豆天蛾

眼斑绿天蛾

闭目带绿天蛾

制作蝴蝶标本

入门方法简介

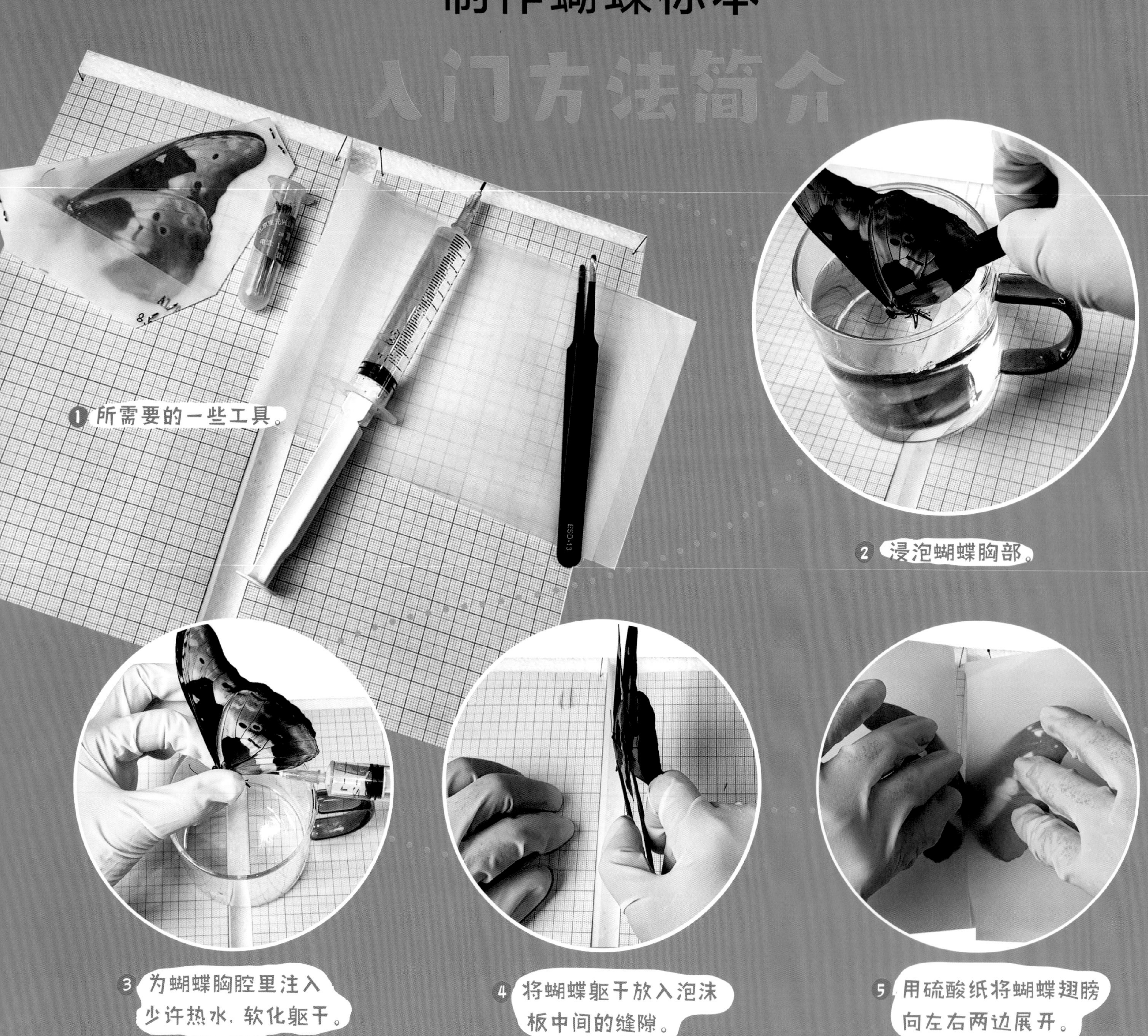

❶ 所需要的一些工具。

❷ 浸泡蝴蝶胸部。

❸ 为蝴蝶胸腔里注入少许热水，软化躯干。

❹ 将蝴蝶躯干放入泡沫板中间的缝隙。

❺ 用硫酸纸将蝴蝶翅膀向左右两边展开。

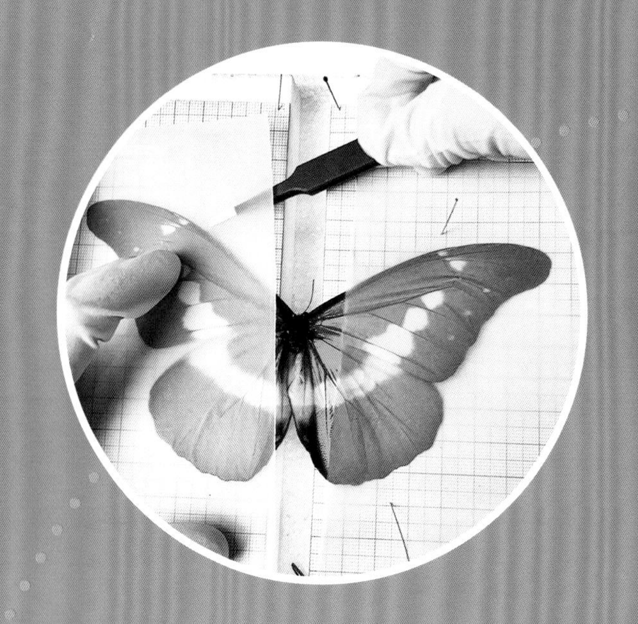

6 从左侧开始，调整蝴蝶翅膀的角度。调整上翅下边缘与身体中轴线垂直。

7 整理左下翅膀。下翅与身体中轴线的关系大致为45度角。

8 用昆虫针和硫酸纸固定翅膀角度。

9 调整蝴蝶右侧翅膀角度。依照左侧翅膀调整的相同标准，保持两侧翅膀对称、姿态自然。

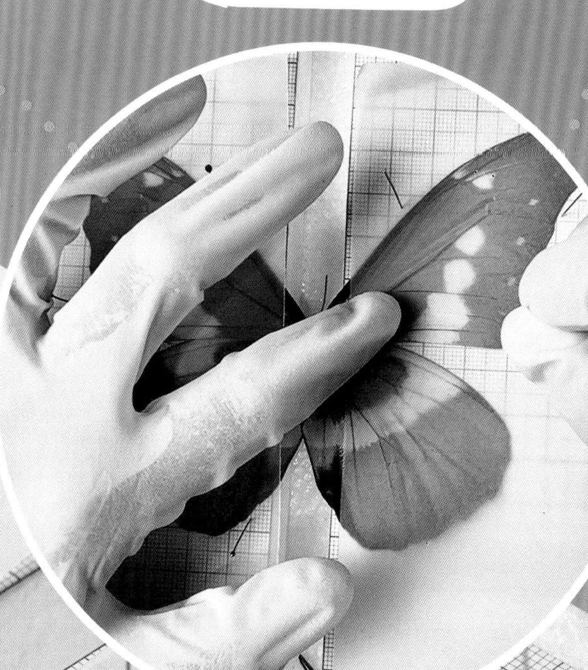

10 等待风干。

书中还附有这25种蝴蝶、飞蛾的等比线稿模切“纸标本”，将其取下，两面用彩铅、水彩或丙烯马克笔涂色后，粘贴在相框里，就可以打造专属于自己的纸质蝴蝶、飞蛾标本博物馆了！

希望你爱上这本书，它将带你沉浸在大自然的美好和天真烂漫的绘画中，度过愉快的时光。

图书在版编目（CIP）数据

这么有趣的科普. 我的蝴蝶标本书 / 郑霄阳著 ; 王东伟绘. -- 成都 : 四川科学技术出版社, 2024. 9.
ISBN 978-7-5727-1532-7

Ⅰ. Z228.2；Q964-49

中国国家版本馆CIP数据核字第2024PD5571号

这么有趣的科普　我的蝴蝶标本书

ZHEME YOUQU DE KEPU　WO DE HUDIE BIAOBENSHU

著　　者　郑霄阳
绘　　者　王东伟
出 品 人　程佳月
责任编辑　吴　文
策划编辑　刘洁丽
装帧设计　侯茗轩
责任出版　欧晓春
出版发行　四川科学技术出版社
地址　成都市锦江区三色路238号　邮政编码　610023
官方微博　http://weibo.com/sckjcbs
官方微信公众号　sckjcbs
传真　028-86361756
成品尺寸　285 mm × 288 mm
印　　张　9
字　　数　40千
印　　刷　天宇万达印刷有限公司
版　　次　2024年9月第 1 版
印　　次　2024年10月第 1 次印刷
定　　价　68.00元

ISBN 978-7-5727-1532-7

邮购：成都市锦江区三色路238号　邮政编码：610023
电话：028-86361770